真希望 几何 提高篇 可以这样学

[日] 星田直彦 著
周洁如 译

机械工业出版社
CHINA MACHINE PRESS

《真希望几何可以这样学》是日本著名数学教育家星田直彦所著的数学科普经典，分为"基础篇"和"提高篇"，以小学高年级和初中阶段的学习内容为主，深入浅出地讲解了几何知识。本书为提高篇，分为三角形与四边形、相似、圆、勾股定理等四个章节。书中详细地证明了常见的几何定理，并指导读者通过这些定理掌握高效的解题方法，培养正确的几何思维。

　　本书还将数学中的知识点用有趣的插画小故事表现出来，富有趣味性。不管是对几何略显懵懂的中小学生，还是想要重温几何基础的成年人，抑或是有教学需要的老师和家长，这本书都会是你的最佳选择，相信你能从中体会到数学的乐趣！

TANOSHIKUMANABU SUGAKU NO KISO ZUKEIBUNYA <GE: TAIRYOKU ZOUKYOU HEN>

Copyright © 2012 Tadahiko Hoshida

Original Japanese edition published by SB Creative Corp.

Simplified Chinese translation rights arranged with SB Creative Corp.,

through Shanghai To-Asia Culture Co., Ltd.

北京市版权局著作权合同登记　图字：01-2020-5610号。

图书在版编目（CIP）数据

真希望几何可以这样学. 提高篇 /（日）星田直彦著；周洁如译.
— 北京：机械工业出版社，2022.9（2024.2重印）
　ISBN 978-7-111-71520-7

Ⅰ.①真…　Ⅱ.①星…②周…　Ⅲ.①几何—普及读物　Ⅳ.①O18-49

中国版本图书馆CIP数据核字（2022）第161176号

机械工业出版社（北京市百万庄大街22号　邮政编码100037）
策划编辑：蔡　浩　　　　　　责任编辑：蔡　浩
责任校对：史静怡　李　婷　　责任印制：任维东
北京联兴盛业印刷股份有限公司印刷

2024年2月第1版·第3次印刷
130mm×184mm·8印张·165千字
标准书号：ISBN 978-7-111-71520-7
定价：59.00元

电话服务　　　　　　　　　　网络服务
客服电话：010-88361066　　机 工 官 网：www.cmpbook.com
　　　　　010-88379833　　机 工 官 博：weibo.com/cmp1952
　　　　　010-68326294　　金 书 网：www.golden-book.com
封底无防伪标均为盗版　　　　机工教育服务网：www.cmpedu.com

前　言

　　距离我的上一本书——《快乐学习数学基础》的出版已经过去了4年半，期间有很多朋友问我怎么还没有出版同系列的几何部分，着实令我受宠若惊。谢谢各位一直以来的支持和等待，今天，几何部分终于要和大家见面了。

　　几何部分又分为"基础篇"和"提高篇"两册。

　　"基础篇"主要介绍了日本初一和初二阶段的学生需要学习的内容，如果说这部分知识是几何世界里"基础中的基础"，那么"提高篇"则带领大家进一步探索几何世界，做了一些小小的拔高。

　　不过能提高的只有一点点哦！这本书并不能让大家在几何考试中拿满分，抑或是轻松应对中高考，望各位读者朋友知悉。

　　"提高篇"包含了日本初二到高中数学A的教材内容。与"基础篇"相比，多少会有一些难度。本书将通过有限的篇幅，将看似复杂难懂的几何知识，尽量以一种更为轻松愉悦的方式传递给读者。另外，我们再次邀请到了吉田熏画师来负责本书的插画绘制，在阅读中，相信这些可爱的插画也能助大家一臂之力。

说到几何，很多人都会想到一个词——"证明"。对于不擅长几何的人来说，怕是对它恨得牙痒痒。但是没有人是天生就不擅长或讨厌某件事的，一定是有某种契机才会让人产生这种感觉。

我在正文中也会提到，其实几何学习的要点之一在于"语言"。没错，不是图形，不是计算，而是语言——这里的语言特指数学语言。尤其是在证明过程中，我们使用的都是语言而非公式。因而充分理解这些语言的重要性也是不言而喻的。

此外，证明并非专属于某一个人，而是会被不断分享的。在证明中，最重要的就是逻辑和推理，在许多人使用同种语言进行证明的过程中，用词选择不准确可能会使整个证明无法成立。所以对于数学术语的理解，必须力求完美。

不过证明绝不只是难在术语的使用上。数学中的证明是将已经被公认的事实作为论据，通过逻辑推理由条件（起点）推导出结论（终点）的过程。其中，寻找论据及逻辑推理的过程都很难。

其实不管是论据还是逻辑推理，都和数学中的计算很像。因为计算也可以理解为是将公认的事实作为论据，通过逻辑推理推导出答案（终点）的过程。

但计算与证明之间又有很大的不同，计算的目的在于得到推导出的结果，而证明的目的则在于推导的过程。

我在"基础篇"中也有提及，如果斗胆将它们比作电视节目，那么计算就像《名侦探柯南》，重点在于"嫌疑人是谁"；而证明则像《神探可伦坡》或是《古畑任三郎》，执着于"如何确定嫌疑人"。

计算与证明有时内容看似相同，但其目的却大相径庭。有些不太擅长证明的人，说不定是错将自己的目标定为了"柯南"而非"可伦坡"或"古畑任三郎"。

绝大部分初中阶段要用到和要求学习的定理，都能在本书中找到详细的证明过程。其中比较重要的部分，还附有条件图和结论图。用两张图做一个证明，这恐怕还是业界首次，这种细致程度甚至超过了学校课本，希望能供各位读者参考。大家对这本书的喜爱就是我最衷心的愿望。

最后，我要郑重感谢科学书籍编辑部的益田贤治总编，感谢他在本书策划编辑过程中，再一次给我提供了巨大的帮助。我还要感谢奈良教育大学研究生院的上村智志、富泽翔太同学帮助我进行书面校对。非常感谢。

2012 年 11 月　星田直彦

目 录

CONTENTS

第1章
三角形与四边形

海伦（约 10—70）

古希腊机械学家、数学家，活跃于公元 1 世纪。设计过多种利用气压、水压的装置。他提出的用来计算三角形面积的海伦公式沿用至今。

等腰三角形 初次感受"定义"！

关键词！……等腰三角形、定义、顶角、底角、底边

等腰三角形的定义

本书将会对常见的平面几何图形依次进行讲解。首先是等腰三角形，我们先来看看它的定义。

> **定义** 等腰三角形
> 有两条边相等的三角形叫作等腰三角形。

有很多正在上初中的同学可能是第一次接触到"定义"这个概念，所以我们先把这个定义重复十遍。

有两条边相等的三角形叫作等腰三角形。
有两条边相等的三角形叫作等腰三角形。
有两条边相等的三角形叫作等腰三角形。
有两条边相等的三角形叫作等腰三角形。
有两条边相等的三角形叫作等腰三角形。
有两条边相等的三角形叫作等腰三角形。
有两条边相等的三角形叫作等腰三角形。
有两条边相等的三角形叫作等腰三角形。
有两条边相等的三角形叫作等腰三角形。
有两条边相等的三角形叫作等腰三角形。

这可不是在和大家开玩笑，而是在强调这个定义的重要性。

很明显，这一定义完全没有涉及角的大小和顶角平分线。

从这一定义推导而来的内容即为等腰三角形的性质，需要单独学习。

理解"定义"的存在

虽然等腰三角形的定义在初二教材中才首次出现⊖，但很多同学早在小学就已经知道了等腰三角形的名称和它的部分性质。那为什么我们还要再专门学习什么是等腰三角形呢？这和我们之后要学习的内容又有什么关系呢？

其实这是为了通过学习等腰三角形的定义，让同学们理解什么是"下定义"。

譬如蓝光光碟、智能手机、蓝牙、智能电网等，世界上出现的所有新产品、新标准、新思想都会有一个合适的名称。

当然了，在初高中的几何学习中，我们很难发现新的图形和新的思维方式，更多的是对已有研究进行"二次体验"。而"二次体验"最重要的就是要从一无所知的状态出发。

让我们一起来学习什么是"下定义"吧！

⊖ 本书中的此类说法均参照日本教育体系，与我国的可能存在差异。——编者注

接下来就让我们"二次体验"一下等腰三角形这个名称是从何而来的吧。

> 三角形有很多种，大的、小的、扁的、长的……同为"三角形"，大小和形状却各不相同。于是，迪米特里奥斯⊖便开始根据边的长度对三角形进行分类。
>
> 有一天，迪米特里奥斯突然说："三角形也有很多不同的形状呢。经过我废寝忘食的研究，我决定把有两条边相等的三角形叫作'等腰三角形'，你觉得怎么样？"
>
> 阿纳斯塔西娅表示赞同："可以诶！我也要这样叫。"
>
> 后来，著名哲学家菲利波斯和爱好数学的国王克罗诺思都开始使用"等腰三角形"这一名称，这一名称逐渐为整个社会所公认。

阿纳斯塔西娅

迪米特里奥斯

故事中使用古希腊人名只是为了渲染气氛，这并不重要，重要的是等腰三角形的命名过程和其中的情节大致相似。

正在阅读这本书的读者们，将从现在开始"二次体验"的旅程。

故事发展到这里，他们还只是对等腰三角形下了定义。

经常有人和我说，不知道如何区分"定义""性质"和

⊖ 这里出现的人名均为虚构。

"判定"，只要大家以"二次体验"的视角把这本书读完，相信你们一定会恍然大悟。

迪米特里奥斯和阿纳斯塔西娅接下来也会继续他们的研究，并不断发现各种新的性质和判定。

等腰三角形各部分的名称

等腰三角形各部分的名称如左下图所示。

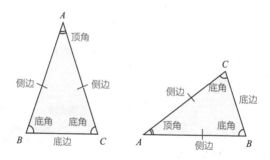

两条长度相等的边的夹角叫作顶角，其他两个角叫作底角，顶角所对的边叫作底边。

要注意的是，等腰三角形倒下之后（如右上图所示），其各部分的名称依然保持不变。

两条边相等的三角形叫作等腰三角形，那么三条边都相等的三角形叫作什么呢？它们叫作等边三角形，也叫正三角形。而等边四边形，也就是四条边都相等的四边形，叫作菱形，它们可不一定都是正方形哦！

前文中已多次提到的等腰三角形，正如其定义所说，指的是"有两条边相等的三角形"。

三条边都不相等的三角形叫作
不等边三角形。

不等边三角形

❓ 关于底角的注意事项

有很多人对底角的理解并不正确，所以我先在这里提出
几点需要注意的细节。

错误理解 等腰三角形中两个相等的角叫作底角。

我可以非常明确地告诉大家，这个定义是错误的。

从结果上来看，等腰三角形的两个底角确实是相等的，
但并不能由此得出底角的定
义。底角这一名称，是根据
等腰三角形中各个角的位置
来命名的。所以我们要暂且
"装作"不知道等腰三角形底
角相等这一特点，等待后续
证明。

千万不要搞错哦～

等腰三角形的性质

等腰三角形一定具备的特点是?

关键词! ……性质、全等三角形的判定

 等腰三角形的性质

我在"基础篇"中曾经介绍过,学习新的图形时,要注意从以下三个角度出发:

定义……○○是什么?

性质……○○一定具备的特点是?

判定……什么样的图形才能被称为○○?

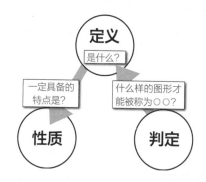

等腰三角形的定义想必大家已经掌握了,接下来我们要思考的就是它的性质,也就是"等腰三角形一定具备的特点"是什么。

只要是等腰三角形就一定具备这种特点。

只要是等腰三角形就一定具备那种特点。

其中的"这种特点""那种特点"，就是等腰三角形的性质。

等腰三角形有很多不同的性质，其中最有名的还要数下面这条。

只要是等腰三角形就一定会这样……

> **定理 11** 等腰三角形的底角
> 等腰三角形的两个底角相等。

※ 定理 1~10 将在本书的附录中进行介绍。

遇到"相等问题"先找全等！

我们来试着做一次证明。首先我们要明确"等腰三角形的两个底角相等"这一命题的条件和结论。

条件……等腰三角形
结论……两个底角相等

但光是这样还是不好着手证明，所以我们要利用下面这张图将它"翻译"成几何语言。

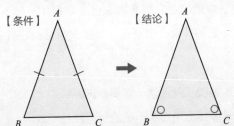

等腰三角形即有两条边相等的三角形，用上图来说，就是 $AB=AC$，这是条件。

接下来，我们只要推导出它的两个底角相等就可以了，也就是 $\angle B=\angle C$，这是结论。

前提……在 $\triangle ABC$ 中

条件…… $AB=AC$

结论…… $\angle B=\angle C$

这里要给大家一个建议。

在证明题中，不管是边的长度也好，还是角的大小也好，总有很多题目是要求我们证明"相等"的。我把这类题目都叫作"相等问题"。

中考难度的相等问题，一般都可以通过寻找全等图形来解决。也就是说，证明全等是达成最终目标之前的目标，我称之为中间目标。

再说回上面的命题，由于条件和结论中的三角形是同一个，所以并不存在全等三角形，这样我们便无法找到一个中间目标，那这个时候该怎么办呢？

这时就需要我们发挥"缺少什么便创造什么"的精神了。

在图中作出∠A 的平分线，将三角形分为左右两个新的三角形并证明它们全等，这样自然就能得出∠B=∠C 的结论了。

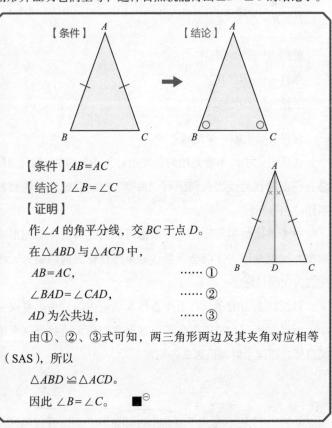

【条件】AB=AC

【结论】∠B=∠C

【证明】

作∠A 的角平分线，交 BC 于点 D。

在△ABD 与△ACD 中，

AB=AC，   ……①

∠BAD=∠CAD，   ……②

AD 为公共边，   ……③

由①、②、③式可知，两三角形两边及其夹角对应相等（SAS），所以

△ABD≌△ACD。

因此 ∠B=∠C。   ■[⊖]

证明结束后，便可以将"等腰三角形的两个底角相等"作为定理使用了。

⊖ 证明最后的■表示证明结束。

今后我们也会通过一系列的证明，来推导得出更多定理。而这些推导出的定理，可以成为我们进行其他证明时的依据。

 不可思议的神奇方法！？

作为参考，我再给大家介绍定理 11 的另外一种证明方法。

那就是将 △ABC 进行翻转表示为 △A'C'B' 并证明这两个三角形全等。这就好像是我们发现了世界上另一个自己一样，是不是非常神奇？

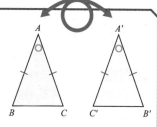

【证明】

在 △ABC 和 △A'C'B' 中，

$AB = A'B' = A'C'$，……①

$AC = A'C' = A'B'$，……②

$\angle A = \angle A'$，……③

由①、②、③式可知，两三角形两边及其夹角对应相等（SAS），所以 △ABC ≅ △A'C'B'。

因此 $\angle B = \angle C' = \angle C$。 ■

 顶角平分线

接下来给大家介绍等腰三角形的另外一个重要性质。

定理 12 等腰三角形的顶角平分线

等腰三角形的顶角平分线垂直平分底边。

要证明这一点并不难，前面已经完成了很大一部分。

证明定理 11 时我也提到过，只要作顶角平分线，就会出现 $\triangle ABD$ 和 $\triangle ACD$ 两个全等三角形。除了底角相等之外，$BD=CD$、$\angle ADB = \angle ADC = 90°$ 也随之成立。

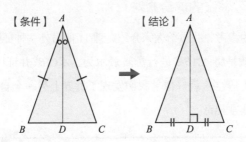

此外，在等腰三角形中，以下四条直线重合。

定理 13 等腰三角形四线合一

在 $AB=AC$ 的等腰三角形 ABC 中，以下四条直线重合。

1 顶角平分线。

2 顶点 A 与底边 BC 中点的连线。

3 顶点 A 到底边 BC 的垂线。

4 底边 BC 的垂直平分线。

最后！全等三角形的判定条件

在"基础篇"的最后，我总结过全等三角形的判定条件，相信大家在初中学习中多有实践。

> **定理10** 全等三角形的判定条件
> 若两三角形符合以下任一条件，则两三角形全等。
> **1** 三边对应相等。（SSS）
> **2** 两边及其夹角对应相等。（SAS）
> **3** 两角及其夹边对应相等。（ASA）

三角形全等的条件也是可以证明的，接下来我们就以条件**1**为例来进行证明。

条件**1**的证明要比**2**和**3**[⊖]麻烦很多，其前提条件之一就是我们刚刚学到的定理11——等腰三角形的两个底角相等。事实上，定理11的重要性远远超出很多同学的想象。

⊖ 条件**2**和条件**3**已经在"基础篇"中进行过证明。

※ 这里简单复习一下相关术语。

数学中将可以判断真伪的句子（内容）叫作命题。在命题"若○○○则△△△"中，○○○部分称为条件，△△△部分称为结论。一般将已经被证明的重要命题称为定理。

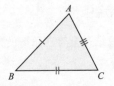
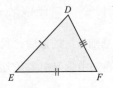

【条件】$AB=DE$、$BC=EF$、$CA=FD$

【结论】$\triangle ABC \cong \triangle DEF$

【证明】

因为 $BC=EF$，所以 BC 和 EF 可以完全重合（点 B 及点 E、点 C 及点 F 分别重合），再将点 D 放在直线 BC 与点 A 相反的一侧。

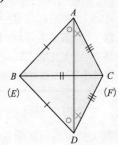

在 $\triangle ABC$ 与 $\triangle DBC$（$\triangle DEF$）中，

$AB=DB$、$AC=DC$，   ……①

由于 $AB=DB$，根据定理 11 可知 $\angle BAD = \angle BDA$，……②

同理可知 $\angle CAD = \angle CDA$，   ……③

将②、③式两边相加可得

$\angle BAD + \angle CAD = \angle BDA + \angle CDA$，

即 $\angle BAC = \angle BDC$。   ……④

由①、④式可知，两三角形两边及其夹角对应相等（SAS），因此

$\triangle ABC \cong \triangle DEF$。 ■

这样就证明了全等三角形的判定条件啦！

22

等腰三角形的判定条件

提高篇

我也想成为等腰三角形！我该怎么做呢？

关键词！……条件、辅助线

等腰三角形的判定条件

学习新图形时，最后一项要学习的就是：

判定……怎样才能成为○○？

放到这一节中，就是"怎样才能成为一个等腰三角形"？

只要具有这种特点，就一定是等腰三角形。

只要具有那种特点，就一定是等腰三角形。

其中的"这种特点""那种特点"就是成为等腰三角形的条件。

队长！我发现了一个奇怪的三角形！它有两个角一样大！

上一节我们证明了定理 11——等腰三角形的两个底角相等，反之也成立。这就是成为等腰三角形的条件之一。

23

> **定理 14** 等腰三角形的判定条件
> 有两个角相等的三角形是等腰三角形。

"队长！我发现了一个奇怪的三角形！经考察发现，它有两个角一样大！"

"干得不错。这就是等腰三角形了！"

——这就是定理 14 所描述的内容。

此处也有"相等问题"出没！

接下来我们就要进入证明环节了，照例从明确条件和结论开始。

条件……两个角相等

结论……等腰三角形

我们可以通过图形使其更加直观。

为了让证明更加顺利，我们将现有信息做以下"翻译"。

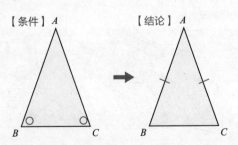

前提……在 $\triangle ABC$ 中

条件…… $\angle B = \angle C$

结论……$AB = AC$

这也是"相等问题"啊!

等腰三角形就是有两条边相等的三角形,用上图来说,就是 $AB = AC$,这就是我们的结论。

其实证明该三角形是等腰三角形就相当于让我们证明有两条边相等。也就是说,这也是一个"相等问题"。

在证明"相等问题"时,往往都要先达到一个中间目标——找到一组全等图形。

但在我们刚刚的图中只出现了一个三角形,很明显是无法达到这一目标的。

不过同样的困难我们之前已经遇到过了。

只要作 $\angle A$ 的平分线,证明由此得到的左右两个三角形全等,即可推导出 $AB = AC$。

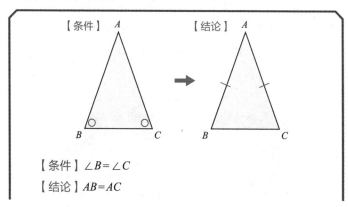

【条件】$\angle B = \angle C$

【结论】$AB = AC$

【证明】

作 ∠A 的角平分线，与 BC 交于点 D。

在 △ABD 与 △ACD 中，

∠B = ∠C，

∠BAD = ∠CAD，   ……①

由此可知两三角形最后一组内角也相等，即

∠ADB = ∠ADC，   ……②

又 AD = AD，   ……③

由①、②、③式可知，两三角形两角及其夹边对应相等（ASA），因此

△ABD ≌ △ACD，

所以 AB = AC。 ∎

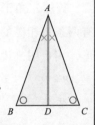

❓ 辅助线的作法？

在定理 11 和定理 14 的证明中，我们都用到了顶角的角平分线。这种帮助我们进行证明的线叫作辅助线。

"你是怎么想到要这样作辅助线的呢？我怎么都想不出来。这该怎么办呀？"

队长，怎么才能想到辅助线的正确作法呢？

学生们总是一脸悲痛地向我求助。

接下来我就以定理14的证明为例，讲讲怎么作辅助线。

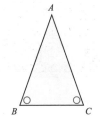

我是怎么想到要作顶角的角平分线的呢？首先可以排除的是，这并非上天的指示。

我们可以试着在纸上画一个有两个角相等的三角形并把它剪下来。

然后我们回到这一证明中的结论——$AB=AC$，如果让小学生证明图中这两条边相等，他们会怎么做呢？

肯定会有人选择用尺子直接测量它们的长度，但有没有更加原始而简便的方法呢？

辅助线的作法？就是思考如何到达自己想要的终点。剩下的就是经验了。

没错，就是将图形对折！

只要将它折叠，使AB和AC重合就可以了。如果两条边完全重合，就说明它们的长度相等。

将折叠后的纸重新展开，就能发现折线刚好是顶角的角平分线，这就是我们要找的辅助线啦。很明显，这条线是很重要的。

想到这一步，你就会自然而然地发现这个证明的中间目标——证明被辅助线分割开的两个三角形全等。

❓ 等边三角形属于等腰三角形

首先让我们来看看等边三角形的定义。

> **定义** 等边三角形
> 三条边都相等的三角形叫作等边三角形。

等边三角形"三条边都相等"，所以自然满足"有两条边相等"这一条件，因此，等边三角形是等腰三角形。

看到这里，一定有人要拍案而起了，"什么？这怎么可能！"

等边三角形是等腰三角形？
怎么可能！

如果大家没有办法接受"等边三角形也是等腰三角形"的说法，可以将它理解为"等边三角形属于等腰三角形的一

种"。它们之间存在某种联系，等边三角形属于"等腰三角形大家庭"中的一员。

如右图所示，等腰三角形和等边三角形之间是包含关系。

因此，等边三角形具有等腰三角形的一切性质。

等边三角形的性质

接下来我要介绍的定理相信大家都非常熟悉。它可以通过重复利用两次定理 11，即"等腰三角形的两个底角相等"来证明。

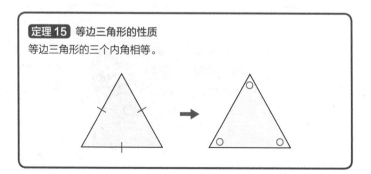

定理 15 等边三角形的性质

等边三角形的三个内角相等。

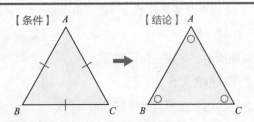

【条件】 $AB=BC=CA$

【结论】 $\angle A=\angle B=\angle C$

【证明】

在△ABC中，

由于 $AB=AC$，所以 $\angle B=\angle C$（定理11），

由于 $BA=BC$，所以 $\angle A=\angle C$（定理11），

因此 $\angle A=\angle B=\angle C$。∎

另外，根据在"基础篇"中证明过的定理7——三角形内角和为 $180°$，可以推导出以下定理：

定理 16 等边三角形的性质

等边三角形的三个内角均为 $60°$。

这个我知道！

等边三角形的判定条件

要想证明以下定理，只要重复利用两次定理 14——"有两个角相等的三角形是等腰三角形"即可。

> **定理 17** 等边三角形的判定条件
>
> 三个角都相等的三角形是等边三角形。

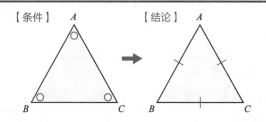

【条件】∠A＝∠B＝∠C

【结论】AB＝BC＝CA

【证明】

在△ABC中，

由于∠B＝∠C，所以 AB＝AC（定理 14），

由于∠A＝∠C，所以 BA＝BC（定理 14），

因此 AB＝BC＝CA。 ■

另外还有一个定理要告诉大家，此处省略其证明过程，请大家务必自行挑战！

> **定理 18** 等边三角形的判定条件
>
> 有一个内角是 60° 的等腰三角形是等边三角形。

用折纸制作等边三角形

准备一张正方形折纸。你可以在不用尺子的前提下，只通过折叠找出一个等边三角形吗？

如果我直接把这个方法告诉大家，你们肯定会恍然大悟，但一旦要求你们独立思考，可就没那么简单了。

同学们先自己试着挑战一下再查看下面的方法哦～

【制作方法】

① 将纸对折，找到 BC 的垂直平分线（图中红色虚线）。

② 将边 AB 向内折，使得点 A 的折点落在①中折痕上，并将其命名为点 E。

③ 同样地，将 CD 向内折使得点 D 的折点落在①中折痕上。

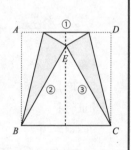

由于 EB、EC、BC 均为原正方形折纸的一边，故长度相等，因此△EBC 就是一个等边三角形。

折叠正方形以得到 60° 角——这道几何题经常出现在初中的考试中，大家要记住怎么做哦。

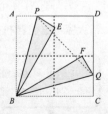

※ 正方形内最大的等边三角形，是右图中的△BPQ。具体折法如图所示。

32

三角形的等积变形

我只听说过怎么求三角形面积……

关键词！ ……三角形面积、等积变形、中线

耳熟能详的三角形面积公式

相信大家对于三角形面积公式都已经非常熟悉了，那就是：

> **公式** 三角形面积
>
> 在底边为 a、高为 h、面积为 S 的三角形中，
>
> $$S=\frac{1}{2}ah$$

> 三角形面积 = 底 × 高 ÷2

下面我们将这个公式应用到实践中，将公式中的高作为固定值。

如下页图所示，现在有两个三角形位于一组平行线之间，由于△ABC 和△DEF 等高，所以它们俩谁的底边更长，谁的面积就更大。如果其中一个三角形底边长度是另一个的一半，那么面积也会是另一个的一半。在这种情况下，三角形面积与底边长度成正比。

※ 两三角形等高。

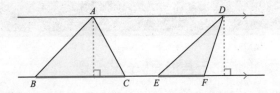

即以下比例式成立：

$$S_{\triangle ABC} : S_{\triangle DEF} = BC : EF$$

上式中，$S_{\triangle ABC}$ 与 $S_{\triangle DEF}$ 分别代表 $\triangle ABC$、$\triangle DEF$ 的面积。

高相等，面积之比等于底边之比！

下一步我们作线段 AD，将 $\triangle ABC$ 分为如下图所示的两部分。

这时，$\triangle ABD$ 和 $\triangle ADC$ 的高相等，因此其面积与底边成正比，即下式成立：

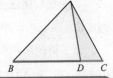

点 B、D、C 落在同一直线上时，

$$S_{\triangle ABD} : S_{\triangle ADC} = BD : DC$$

连接三角形顶点及其对边中点的线段叫作中线，通过以上推论我们可以得出：中线等分三角形面积。

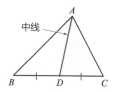

三角形的等积变形

接下来我们继续推导。

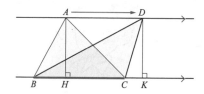

如图，在一组平行线之间作△ABC。

将点 A 沿着平行线移动至点 D，作△DBC。分别过点 A、D 作直线 BC 的垂线，与 BC 交于点 H、K，则 AH=DK。

△ABC 与△DBC 底边相同且高相等，所以面积也相等。

也就是说，将三角形的顶点沿着平行于底边的直线平移，得到的所有三角形面积都相等。这种只有形状改变，但面积不变的情况叫作"等积变形"。

　　反过来，如果
点 A、D 位于直线 BC
同一侧，且△ABC 与
△DBC 面积相等，那
么由于 AH=DK，所以
可以得出 AD // BC。

利用这个方法，可以
在不改变三角形面积
的情况下改变其形状。

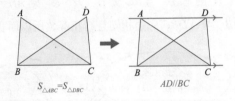
通过变形让土地更实用！

　　如右图所示，折线 PQR 将长方形的
土地分割成了五边形 ABRQP 和 PQRCD
两部分，这样的土地是很难规划使用的，
所以我们要对它进行"等积变形"。

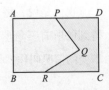

【作图】

① 过点 Q 作 PR 的平行线，与 BC 交于点 S。

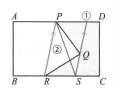

② 作线段 PS，由等积变形定理可知：

$$S_{\triangle PQR}=S_{\triangle PSR}$$

※ 这样我们就在不改变原有长方形面积的情况下，将其分为了四边形 ABSP 和四边形 PSCD。那如果我们想再进一步改造呢？

③ 作线段 PS 的中点 M。

④ 过点 M 作 AB、DC 的平行线，分别与 AD、BC 交于点 L、N。此时 △LMP 与 △NMS 全等。

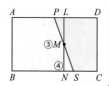

完成！原有图形在两部分面积不变的情况下，被分为了 ABNL 和 LNCD 两个长方形。

可喜可贺，可喜可贺。

有志者，事竟成！

🤔 海伦公式

上面我们介绍了最常见的三角形面积公式，但其实还有一个公式可以用来求三角形的面积。

公式 海伦公式

设三角形三边分别为 a、b、c，面积为 S，则

$S=\sqrt{s\,(s-a)\,(s-b)\,(s-c)}$，其中 $s=\dfrac{1}{2}\,(a+b+c)$。

这个公式以活跃在公元 1 世纪的古希腊机械学家、数学家海伦的名字命名。

海伦

由于公式的证明过程较为复杂，所以在此处省略。它大有用处，能帮助我们在不知道高的情况下求出三角形的面积。

将海伦公式应用于右下图的例子：

原来还有这种办法！

由于 $s = \dfrac{1}{2} \times (8+10+12)$

$\qquad = 15$

因此 $S_{\triangle ABC} = \sqrt{15 \times (15-12) \times (15-8) \times (15-10)}$

$\qquad\qquad = \sqrt{15 \times 3 \times 7 \times 5}$

$\qquad\qquad = 15\sqrt{7}$

是不是比想象中要简单？

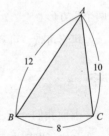

三角形与四边形

三角形中边与角的大小关系

绕路就一定会使路程更长吗？

关键词！ ……三角形中边与角的大小关系、三角形成立的条件

❓ 三角形中边与角的大小关系

试着比较一下右图三角形中 AB 与 AC 的长度，很明显，AB 看起来更长。

那么 $\angle B$ 和 $\angle C$ 哪个看起来更大呢？

"这一看就是 $\angle C$ 更大啊！"

这么说来，该不会是……

长边对应的角＞短边对应的角

其实这个看似含糊不清的规律也是可以证明的，来跟着我一起试一试吧。

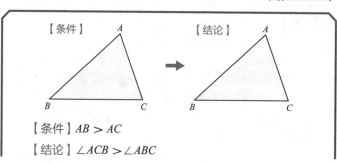

【条件】$AB > AC$

【结论】$\angle ACB > \angle ABC$

39

【证明】

在 AB 上取点 D，使得 $AD=AC$。

在 $\triangle DBC$ 中，由内外角关系可知：

$\angle ADC=\angle ABC+\angle BCD$，

因此 $\angle ADC > \angle ABC$。 ……①

又因为 $\triangle ADC$ 为等腰三角形，

所以 $\angle ADC=\angle ACD$， ……②

又因为 $\angle ACB > \angle ACD$， ……③

由①、②、③式可知 $\angle ACB > \angle ABC$。 ∎

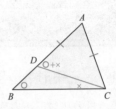

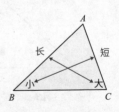

等腰三角形的性质在这个证明中起了不少作用呢！

这一定理反之同样成立，总结起来就是：

定理 21 三角形中边与角的大小关系

❶ 三角形中长度较长的边对应的角更大
（大边对大角）。

若 $AB > AC$，则 $\angle C > \angle B$。

❷ 三角形中角度较大的角对应的边更长
（大角对大边）。

若 $\angle C > \angle B$，则 $AB > AC$。

长 短

小 大

B C

三角形两边长度之和……

这里插句题外话，在右图 △ABC

中，$B \to A \to C$ 和 $B \to C$ 哪个路线

更短？

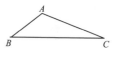

不论在什么情况下，都一定是 $B \to C$ 更短。

我们在生活中都能感受到，要想实现最短路程，就一定

不能绕路。虽然这个道理显而易见，但我还是想科学地证明

一下。证明的关键也在于等腰三角形的性质。

这个证明可以简单描述为在 △ABC 中，证明 $AB+AC >$

BC（假设 BC 为最长边）。

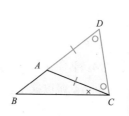

我觉得这事显而易见，
没什么可证明的呢……

【证明】

在 △ABC 中 BA 边的延长线上取

点 D，使得 $AD=AC$，则

$\angle ACD = \angle D$，

因此 $\angle BCD > \angle D$。

根据三角形中边与角的大小关系

可知：

$BD > BC$。

因此 $AB+AC > BC$。

三角形两边之差与第三边之间也存在一个重要关系，我们将其与刚刚证明的规律一起总结为一个定理。

定理 22 三角形三边关系
1️⃣ 三角形中任意两边之和大于第三边。
2️⃣ 三角形中任意两边之差小于第三边。

【2️⃣的证明过程】

在右图 $\triangle ABC$ 中，$BC > AB$，问题转化为证明 $BC - AB < AC$。

由 1️⃣ 可知 $AB + AC > BC$，

因此 $AC > BC - AB$，

即 $BC - AB < AC$。 ∎

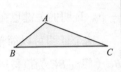

在边长分别为 a、b、c 的三角形中，定理 22 1️⃣ 可以表示为以下三个不等式（三角不等式）：

$$a < b + c \qquad b < c + a \qquad c < a + b$$

假设三边长度分别为 $a = 3$、$b = 5$、$c = 10$，那么由于其不符合第三个不等式 $c < a + b$，所以这个三角形无法成立。

因此也有人将这三个不等式称为三角形成立的条件。

我明白了！

找到最短路径!

这里再插一句题外话,问大家一个作图题。假设你现在正牵着一匹马站在图中点 A 处,接下来你要让马在河边喝水,然后把它牵到位于点 B 的马棚中去。要想让移动距离最短,你应该让马到河边的哪个位置喝水呢?

如果我们把这道题中的河岸看作镜子,就可以将它转化为以下问题:要想让从点 A 出发的一道光线经镜子反射后通过 B 点,光线应该朝向镜子的什么位置入射?⊖

应该朝向哪里呢?

以河岸为对称轴作点 A 的对称点 A',A' 与 B 两点之间的最短距离为线段 $A'B$。其与河岸交于点 W,这便是让马喝水的位置。

此时,$AW=A'W$,因此 $A \rightarrow W \rightarrow B$ 为最短路径。同样地,如果以河岸为对称轴作点 B 的对称点 B' 并将其与点 A 相连,也能找到点 W。

如果将饮水点定在除点 W 以外的位置,如 W',就会形成 $\triangle W'A'B$。根据定理 22 **1**,$A'W'+W'B > A'B$,所以 $A \rightarrow W' \rightarrow B$ 并非最短路径。

⊖ 在均匀介质中,光总是沿最短路径传播。——编者注

直角三角形

"我可是有直角的！"

关键词！……直角三角形、斜边、直角三角形全等的判定条件

❓ 不论是否倾斜都叫作斜边

首先我们要再次明确直角三角形的定义，同时还要新学习一下斜边的定义。

> **定义** 直角三角形
> 有一个内角为直角的三角形叫作直角三角形。在直角三角形中，直角所对的边叫作斜边。

斜边可不一定就是倾斜的哦！

同学们不要被斜边中的"斜"字骗了。

在右图中，斜边确实是倾斜的，但你只要稍微改变一下这本书的角度，斜边就能成为水平的了。总之，斜边指的就是直角所对的边。

关于斜边存在以下定理：

斜边

直角三角形

> **定理 23** 直角三角形的斜边
>
> 直角三角形中，斜边最长。

看到这里肯定又会有人嚷嚷着"这还用你说！"，但这个定理也可以通过证明推导得出。

> 【证明】
>
> 　由于三角形内角和相当于两个直角之和（180°），所以除直角外的两个内角均为锐角（小于90°）。也就是说，直角三角形中最大的角就是直角。
>
> 　因此，由定理21 **2** 可知：直角三角形中，斜边最长。 ■

诶～原来这也是可以证明的啊～

❓ 重谈"距离"

从点 P 出发向直线 l 作多条线段，在线段 PA、PH、PB 中，哪一条最短？

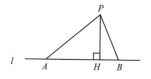

同样的问题在"基础篇"的"距离"一节中也出现过。相信大家都知道正确答案吧？没错，就是 PH。

45

那为什么是 PH 最短呢？之前我们并没有深入探讨，现在我们可以有理有据地证明它了。

在直线 l 上任取点 H 以外一点 A。

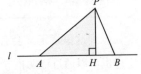

由于 △PAH 是 ∠PHA=90° 的直角三角形，所以根据定理 23 可知 PA > PH，所以 PH 是最短的。

最后让我们再次总结一下以上关于距离的讨论：

这个证明中用到了反证法哦！

定义 直线外一点到这条直线的距离

直线 l 外一点 P 到直线 l 的垂线段的长度叫作点 P 到直线 l 的距离。

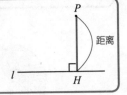

※ 上图中的点 H 叫作点 P 到直线 l 的垂足。

直角三角形的"专属"全等判定

下面我们来思考一下如何证明两个直角三角形全等。

要证明三角形全等一般有三种方法。但直角三角形不同于其他的普通三角形，有一个内角是 90°，那我们能不能利用它的这种特殊性，找到除了这三种方法以外的，直角三角形"专属"的证明全等的方法呢？

其实是有另外两种特殊方法的。

定理 24 直角三角形全等的判定条件

若两直角三角形符合以下任一条件，则它们全等。

1 斜边及一个锐角对应相等。

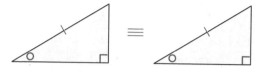

2 斜边及一条直角边对应相等。

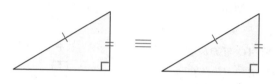

这可是直角三角形"专属"的全等判定方法哦！

　1的证明过程很简单。如果两个直角三角形的一个锐角对应相等，那说明另一个锐角也对应相等，即满足"两角及其夹边对应相等（ASA）"。

　下面我们进入**2**的证明。这个证明非常巧妙，请大家务必熟练掌握。

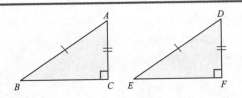

【条件】∠C=∠F=90°、AB=DE、AC=DF

【结论】△ABC≌△DEF

【证明】

由已知条件 AC=DF、

∠C=∠F=90° 可知，

将 AC 与 DF 重合后，

B、C、E 三点将落在同一条

直线上，形成一个等腰三角

形 ABE（DBE）。

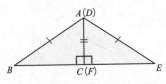

因此∠B=∠E。

在直角三角形 ABC 和 DEF 中，斜边及一个锐角对应相

等，所以

△ABC≌△DEF。 ∎

这个证明真是太酷了！

 提高篇

平行四边形 注意区分定义与性质！

关键词！……平行四边形、▱、对边、对角、性质

 什么是平行四边形？

终于，我们要进入四边形的学习了。首先出场的是——平行四边形。

定义 平行四边形

两组对边分别平行的四边形叫作平行四边形。

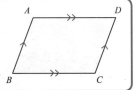

一天，迪米特里奥斯突然说："四边形也有很多不同的形状呢。经过我废寝忘食的研究，我决定把两组对边分别平行的四边形叫作'平行四边形'，你觉得怎么样？"

阿纳斯塔西娅表示赞同，"可以诶！我也要这样叫。"

平行四边形的定义中没有提到边和角的大小关系，相关性质我们会在之后详细解释，现在大家只要知道定义即可。要注意区分定义与性质哦！

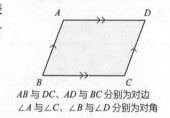

平行四边形的其中一个性质是"非轴对称图形"哦！

这一定义在图形中的表现如右图所示。该定义也可以表示为以下两个式子。

$AB \parallel DC$、$AD \parallel BC$

AB 与 DC、AD 与 BC 分别为对边
$\angle A$ 与 $\angle C$、$\angle B$ 与 $\angle D$ 分别为对角

这里要敲重点！！

请大家牢牢记住上面的图和式子，务必做到一看到"平行四边形"五个字就瞬间想起来。

对了，平行四边形也有自己的符号哦！平行四边形 $ABCD$ 可以用符号表示为□$ABCD$。

另外在四边形中，相对的两条边叫作对边，相对的两个角叫作对角。

平行四边形的性质

下面我们要思考的就是平行四边形的性质了。

性质⋯⋯○○一定具备的特点是?

只要是平行四边形就一定具备这种特点。

只要是平行四边形就一定具备那种特点。

其中的"这种特点""那种特点",就是平行四边形的性质。

如果试着作平行四边形的一条对角线,你就会发现对角线两边的三角形似乎是全等的!

【条件】$AB \parallel DC$、$AD \parallel BC$

【结论】$\triangle ABC \cong \triangle CDA$

【证明】

在$\triangle ABC$和$\triangle CDA$中,

公共边$AC=CA$,⋯⋯①

由两平行线间内错角相等可知

$\angle BAC = \angle DCA$,⋯⋯②

$\angle BCA = \angle DAC$,⋯⋯③

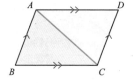

由①、②、③式可知,两三角形两角及其所夹边对应相等(ASA),

所以 $\triangle ABC \cong \triangle CDA$。 ■

※ 对于$AC=CA$这个式子,有的同学可能会觉得很奇怪,明明是同一条线段为什么表现方式不同呢?这是为了使$\triangle ABC$和$\triangle CDA$的顶点分别对应,也可以将其改写为"AC为公共边"。

通过以上证明，我们可以得出结论：

> 平行四边形对角线所分的两个三角形全等。

这个性质很重要。

因为两个全等的图形，其对应的边和角都是完全相等的，因此：

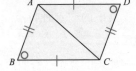

$AB=CD$、$BC=DA$

$\angle B=\angle D$

再结合证明中的②、③式，我们还能得出 $\angle BAD = \angle DCB$ 的推论。

这样一来，我们就证明了平行四边形中两组对边和两组对角均对应相等。

原来平行四边形是中心对称图形啊！

定理 25 平行四边形的性质

1 平行四边形的两组对边分别相等。

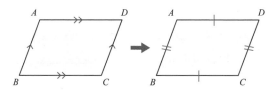

2 平行四边形的两组对角分别相等。

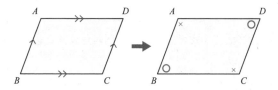

3 平行四边形的两条对角线互相平分。

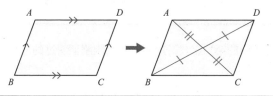

我们已经发现平行四边形的三个性质喽！

前两个性质已经证明了，下面我们就来证明性质 **3**。假设平行四边形对角线 AC、DB 交于点 O。

【条件】$AB \parallel DC$、$AD \parallel BC$

【结论】$AO=CO$、$BO=DO$

【证明】

在△AOB 与△COD 中，

由平行四边形对边相等可知

$AB=CD$。 ……①

由两平行线间内错角相等可知

$\angle BAO=\angle DCO$，……②

$\angle ABO=\angle CDO$，……③

由①、②、③式可知，两三角形两角及其夹边对应相等
（ASA），所以

△$AOB \cong$ △COD。

因此 $AO=CO$、$BO=DO$，

即平行四边形的两条对角线互相平分。 ■

证明中的第二、三行用到了我们刚刚证明过的定理 25 。

完美！

❓ 平行四边形的等积变形

首先让我们回顾一下平行四边形的面积公式：

> **公式** 平行四边形的面积
>
> 在底为 a、高为 h、面积为 S 的平行四边形中，
>
> $$S = ah$$

平行四边形的面积＝底 × 高！

　　如右图所示，A、D、F、E 四点共线且 $AE /\!/ BC$，四边形 $ABCD$、$FBCE$ 均为平行四边形。

　　此时两个平行四边形底边与高均相同，因此下式成立：

$$S_{\square ABCD} = S_{\square FBCE}$$

> **定理 26** 平行四边形的等积变形
>
> 将平行四边形的一边相对于其对边平行移动，平行四边形面积不变。

平行四边形的判定条件

将两根竹签的中点重合
使其呈现一个 ×……

关键词！……判定

 平行四边形的判定条件

下面我们将视角转向"判定"，

判定……怎样才能成为○○？

只要具有这种特点，就一定是平行四边形。

只要具有那种特点，就一定是平行四边形。

其中的"这种特点""那种特点"就是平行四边形的判定

条件。

"队长！我们发现了
一个四边形，疑似平行
四边形！"

"哦？能确定吗？"

"这……我刚好没有
带量角器，身上只有一个圆规……"

"那就用圆规比较一下四条边的长度！"

"队长！我发现它的两组对边分别相等，这难道就是传说
中的……"

——那么，问题来了。仅凭这些条件，我们可以判定这
个四边形就是平行四边形吗？

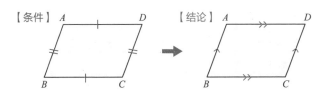

【条件】 A ———— D 【结论】 A ———— D

我们将条件及结论表示为上图。

下面进入证明环节：

【条件】 $AB=DC$、$AD=BC$

【结论】 $AB /\!/ DC$、$AD /\!/ BC$

【证明】

作四边形 $ABCD$ 的对角线 AC。

在 $\triangle ABC$ 与 $\triangle CDA$ 中，

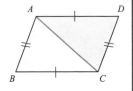

$AB=CD$，　……①

$BC=DA$，　……②

AC 为公共边，……③

由①、②、③式可知，两三角形三边分别对应相等（SSS），所以 $\triangle ABC \cong \triangle CDA$。

因此 $\angle CAB = \angle ACD$，所以 $AB /\!/ DC$。

　　　$\angle ACB = \angle CAD$，所以 $AD /\!/ BC$。

由于两组对边分别平行，所以四边形 $ABCD$ 为平行四边形。　■

平行四边形的判定条件一般包括以下五种：

平行四边形的判定条件

四边形只要满足下列条件之一，即可判定为平行四边形。

1 两组对边分别平行。

2 两组对边分别相等。

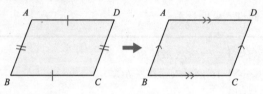

3 两组对角分别相等。

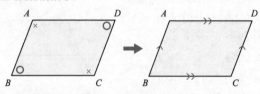

4 两条对角线互相平分。

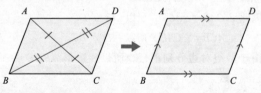

5 一组对边平行且相等。

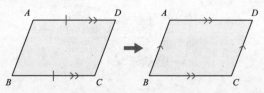

如果两组对角分别相等……

1 就是平行四边形的定义，无须证明。**2** 的证明我们之前已经完成了。

下面我们就开始证明剩下的三个判定条件成立。总的来说，就是在给定条件下，推导证明其满足平行四边形的定义，即 $AB \parallel DC$、$AD \parallel BC$。

首先是 **3** 的证明。

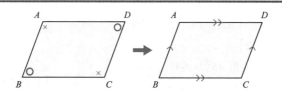

【条件】$\angle A = \angle C$、$\angle B = \angle D$

【结论】$AB \parallel DC$、$AD \parallel BC$

【证明】

由四边形内角和为 $360°$ 可知，

$\angle A + \angle B + \angle C + \angle D = 360°$。

由 $\angle A = \angle C$、$\angle B = \angle D$ 可知，

$\angle A + \angle D = 180°$、$\angle A + \angle B = 180°$。

由于同旁内角互补，所以可得 $AB \parallel DC$、$AD \parallel BC$。

所以两组对边分别平行，四边形 $ABCD$ 为平行四边形。 ■

这下 **3** 的证明也完成了！

我们先跳过条件**4**进行条件**5**的证明。

这里要用到我们刚刚证明过的条件**2**。

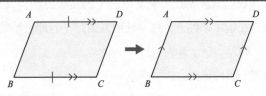

【条件】$AD /\!/ BC$、$AD = BC$

【结论】$AB /\!/ DC$、$AD /\!/ BC$

【证明】

作四边形 $ABCD$ 的对角线 AC。

在 $\triangle ABC$ 与 $\triangle CDA$ 中，

由假设可知 $BC=DA$。……①

由内错角相等可知，

$\angle ACB = \angle CAD$，……②

AC 为公共边，……③

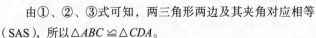

由①、②、③式可知，两三角形两边及其夹角对应相等（SAS），所以 $\triangle ABC \cong \triangle CDA$。

因此 $AB=CD$。……④

由①、④式可知，四边形 $ABCD$ 两组对边分别相等，所以是平行四边形（定理27**2**）。■

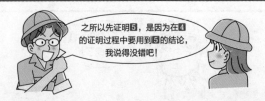

之所以先证明**5**，是因为在**4**的证明过程中要用到**5**的结论，我说得没错吧！

用两根竹签就能理解的条件 4

最后要证明的就是条件 **4** 了。为了更好地理解这一条件，请大家准备两根竹签（不需要一样长），并将它们的中点重合使其呈现一个 × 。这时，依次将两根竹签的端点连接起来，得到的一定是一个平行四边形。这就是条件 **4** 的含义。

下面进入条件 **4** 的证明，其中会用到我们刚刚证明完成的条件 **5**。假设四边形的对角线 AC、BD 交于点 O。

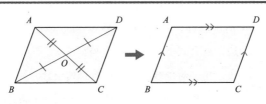

【条件】$AO=CO$、$BO=DO$

【结论】$AB \parallel DC$、$AD \parallel BC$

【证明】

在 $\triangle AOB$ 与 $\triangle COD$ 中。

$AO=CO$,　　　　　……①

$BO=DO$,　　　　　……②

由于对顶角相等，所以 $\angle AOB = \angle COD$。　　……③

由①、②、③式可知，两三角形两边及其夹角对应相等（SAS），所以 $\triangle AOB \cong \triangle COD$。

因此 $AB=CD$。　　……④

又因为 $\angle BAO = \angle DCO$，所以 $AB \parallel DC$。　　……⑤

由④、⑤式可知，四边形 $ABCD$ 的一组对边平行且相等，所以是平行四边形（定理27 **5**）。∎

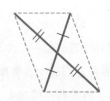 

 平行四边形还有其他判定条件吗?

至此,我们完成了平行四边形的五种判定条件的证明,大家读到这里也辛苦了!记住它们估计得费些功夫。

不过俗话说得好,"打铁要趁热",除了以上五种条件之外,平行四边形还有其他的判定条件吗?

将关于边、角、对角线的条件进行排列组合,一共能得到12种结果,这么多种排列方式中总能找到其他判定条件吧。

说不定还有其他判定条件哦!

比如,$AD \parallel BC$、$AB=DC$ 可以吗?

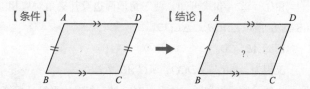

非常可惜,这组条件是行不通的。符合这组条件的还有等腰梯形。

这一图形也符合 $AD \parallel BC$、$AB=DC$ 的条件，但它并不是平行四边形。

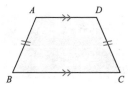

那 $\angle A=\angle C$、$AB \parallel DC$ 如何呢?

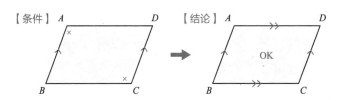

符合这组条件的，就能判定是平行四边形了! 具体证明过程请大家自行挑战。

平行四边形的判定条件共有 8 种，除了定理 27 **1**～**5** 之外，还有以下 3 种。

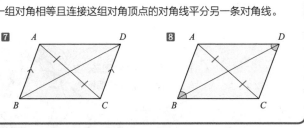

> **6** 一组对边平行且一组对角相等。
>
> **7** 一组对边平行且其中一条对角线平分另一条对角线。
>
> **8** 一组对角相等且连接这组对角顶点的对角线平分一条对角线。

※ 正如你所见，条件 **6**～**8** 的表述有点绕，比起条件 **1**～**5**，它们的使用频率极低，这也是我没有将它们归纳为定理的原因之一。

长方形

叫"长方形"是因为它们很长吗?

关键词! ……长方形、直角三角形、斜边

什么是长方形?

首先,请大家把"长方形都很长"这个下意识的印象从脑海中踢出去。

 定义 长方形
四个角都相等的四边形叫作长方形。

长方形的定义中没有出现任何一个关于长度的字眼,而是将焦点集中在角的大小上。

四边形的"四个角都相等",意味着两组对角分别相等,由定理 27 **3** 可知,长方形都是平行四边形。

长方形既是轴对称图形,又是中心对称图形哦!

而且对称轴有两条!

如果大家没有办法接受"长方形都是平行四边形"的说法，可以将它理解为"长方形属于平行四边形的一种"。

诶？这句话是不是耳熟，其实在学习等边三角形的时候，我们也提到过。

长方形和平行四边形之间存在某种关系，长方形属于"平行四边形大家庭"中的一员。

？长方形的性质

长方形是平行四边形的一种哦！

下面我们进入长方形性质的学习，思考一下"长方形一定具有的特点"是什么。

因为长方形是平行四边形的一种，所有它具有平行四边形的所有性质。那接下来我们要考虑的，就是长方形特有的性质了。

四边形的内角和相当于四个直角（360°），再加上长方形的定义，我们很容易就能推导出以下定理：

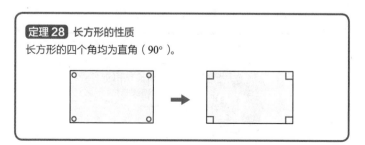

定理28 长方形的性质

长方形的四个角均为直角（90°）。

此外，长方形的对角线符合以下定理：

定理 29 长方形的性质

长方形的两条对角线相等。

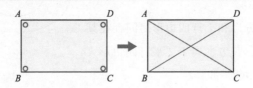

【条件】∠A=∠B=∠C=∠D

【结论】AC=DB

【证明】

在△ABC 与△DCB 中，

∠ABC=∠DCB，   ……①

又因为平行四边形对边相等，所以

AB=DC，   ……②

BC 为公共边，   ……③

由①、②、③式可知，两三角形两边及其夹角对应相等（SAS），因此

△ABC≌△DCB，

所以 AC=DB。 ∎

所以才说长方形的对角线相等啊！

这里给大家出道题，答案稍后揭晓。

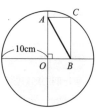

【题目】

如右图所示，在圆心为 O、半径为 10cm 的圆中，有一个长方形 $AOBC$。

求图中 AB 的长。

大家能回答出来吗?

⚡ 直角三角形斜边的中点

平行四边形有一个性质是"对角线互相平分"（定理 25 **3**）。而长方形还多了"对角线相等"的性质（定理 29）。

因此，长方形两条对角线的交点到四个顶点的距离相等，如左下图所示。

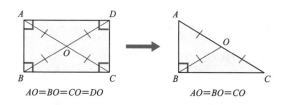

$AO=BO=CO=DO$　　　　$AO=BO=CO$

当我们将目光集中于其中的直角三角形上时，就会发现如下定理：

定理 30 直角三角形的性质

直角三角形斜边上的中点到三个顶点的距离相等。

判定平行四边形是长方形的条件

> **定理 31** 判定平行四边形是长方形的条件
>
> 平行四边形只要满足以下条件之一，即可判定为长方形。
>
> **1** 有一个角是直角。
>
> **2** 对角线相等。

要证明这些条件成立，可以尝试通过这些条件推导出长方形的定义。

比如条件**1**：

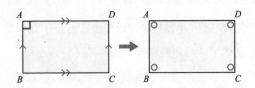

【条件】 $AB \parallel DC$、$AD \parallel BC$、$\angle A = 90°$

【结论】 $\angle A = \angle B = \angle C = \angle D$

【证明】

由两平行线间同旁内角互补可知，

$\angle B = 180° - \angle A = 90°$，

$\angle D = 180° - \angle A = 90°$，

由于平行四边形对角相等，所以 $\angle A = \angle C = 90°$。

综上 $\angle A = \angle B = \angle C = \angle D$。

平行四边形 $ABCD$ 的四个角相等，可以判定为长方形。■

下面是条件**2**的证明：

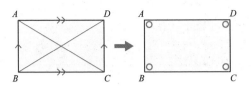

【条件】$AB \parallel DC$、$AD \parallel BC$、$AC=DB$

【结论】$\angle A = \angle B = \angle C = \angle D$

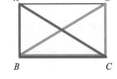

【证明】

在 $\triangle ABC$ 与 $\triangle DCB$ 中，

$AC=DB$，……①

BC 为公共边，　　　　……②

由于平行四边形对边相等，所以 $AB=DC$。……③

由①、②、③式可知，两三角形三边对应相等（SSS），因此 $\triangle ABC \cong \triangle DCB$。

所以 $\angle ABC = \angle DCB$。

又因为两直线平行，同旁内角和为 $180°$，所以 $\angle ABC = \angle DCB = 90°$。

平行四边形 $ABCD$ 的一个角是直角，可以判定为长方形（定理31 **1**）。■

　　最后让我们回到前面给大家留下的思考题中。

　　其实只要在长方形中再作一条对角线 OC，问题就会简单许多。

　　OC 是圆的半径，所以长度为 10cm。

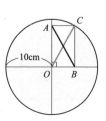

　　由于长方形两对角线相等，所以 $AB=OC$。

　　因此 AB 长度为 10cm。

菱形

菱形是筝形的一种，那筝形又是什么呢？

关键词！……菱形、筝形

什么是菱形？

上一节提到，四个角都相等的四边形是长方形。说完角，我们再来说说边。

> **定义** 菱形
> 四条边都相等的四边形叫作菱形。

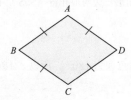

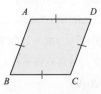

上图中有两个四边形，很多人都会将左边的图形叫作菱形，将右边的图形叫作平行四边形，但这两个图形其实是全等的。右边的四边形由于四条边均相等，所以它也是菱形。大家要注意避免被图形的摆放角度所迷惑。

菱形既是轴对称图形，又是中心对称图形呢！

对称轴有两条！

70

菱形是"四条边都相等的四边形",所以自然满足两组对边分别相等的条件,根据定理27 **2**可以判定,菱形都是平行四边形。

菱形都是平行四边形。

——相信大家对这种说法已经是非常熟悉了吧。

菱形和平行四边形之间存在某种关系,菱形属于"平行四边形大家庭"中的一员。

菱形的性质

下面我们来学习菱形的性质。由于菱形属于平行四边形的一种,所以它具有平行四边形的所有性质。那接下来我们要考虑的就是菱形特有的性质了。

关于菱形的对角线,有一个非常有名的性质:

定理32 菱形的性质

菱形的对角线互相垂直。

如何证明这一定理呢?首先作菱形的两条对角线,交于点 O。

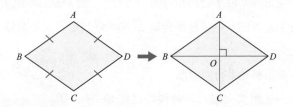

【条件】$AB=BC=CD=DA$

【结论】$AC \perp BD$

【证明】

在 $\triangle ABO$ 与 $\triangle ADO$ 中，

$AB=AD$。　　　　……①

由于平行四边形对角线互相平分，所以

$BO=DO$，　　　　……②

AO 为公共边，　　……③

由①、②、③式可知，两三角形三边对应相等（SSS），所以

$\triangle ABO \cong \triangle ADO$，

因此 $\angle AOB = \angle AOD$，

又因为 B、O、D 三点在同一直线上，所以 $AC \perp BD$。　■

由定理 32 可以推出菱形的面积公式：

公式 菱形面积

设菱形 $ABCD$ 的面积为 S，则

$$S = \frac{AC \times BD}{2}$$

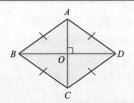

 ## 判定平行四边形是菱形的条件

下面我们开始讨论判定平行四边形
是菱形的条件。

接下来是菱形的判定条件。

定理 33 判定平行四边形是菱形的条件

平行四边形只要满足以下条件之一，即可判定为菱形。

1 一组邻边相等。

2 对角线互相垂直。

证明过程就是由这些条件推导得出菱形的定义。

首先是条件**1**的证明。

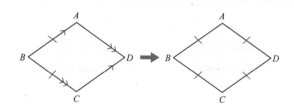

【条件】$AB \parallel DC$、$AD \parallel BC$、$AB = BC$

【结论】$AB = BC = CD = DA$

【证明】

由已知条件可知 $AB = BC$，

由于平行四边形对边相等，所以 $AB = DC$、$BC = AD$，

因此 $AB = BC = CD = DA$，

四边形 $ABCD$ 四条边都相等，可以判定为菱形。 ∎

想象你面前
有两根竹签。

接下来是条件 **2** 的证明，请大家先跟着我想象一下这个场景：现在有两根竹签（不需要一样长），它们的中点重合且互相垂直。这时，只要将竹签的端点顺次连接在一起，就能得到一个菱形。

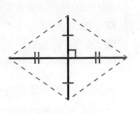

为了便于证明，我们将对角线交点设为点 O。

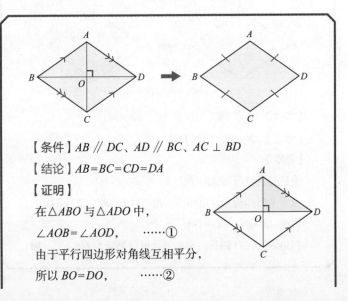

【条件】$AB /\!/ DC$、$AD /\!/ BC$、$AC \perp BD$

【结论】$AB=BC=CD=DA$

【证明】

在 $\triangle ABO$ 与 $\triangle ADO$ 中，

$\angle AOB = \angle AOD$，　　……①

由于平行四边形对角线互相平分，

所以 $BO=DO$，　　……②

AO 为公共边，　　　……③

由①、②、③式可知，两三角形两边及其夹角对应相等（SAS），所以 $\triangle ABO \cong \triangle ADO$，

因此 $AB=AD$。

平行四边形 $ABCD$ 的一组邻边相等，可以判定为菱形。（定理 33 **1**）。■

❓ 所谓"筝形"

最后顺便给大家介绍一下"筝形"的定义。如右图所示像风筝一样的图形就被称为"筝形"。

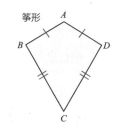

定义 筝形

两组邻边分别相等的四边形叫作筝形。

筝形并不属于平行四边形，不过菱形属于筝形。

右图中，$\triangle ABC \cong \triangle ADC$（SSS），从中可以看出筝形是轴对称图形。筝形一般不会是中心对称图形。

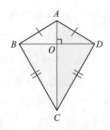

另外，筝形的两条对角线还具有如下性质：

定理 34 筝形的性质

筝形的对角线互相垂直。

所以求筝形面积 S 时可以使用如下公式：

$$S = \frac{AC \times BD}{2}$$

这个公式与菱形的面积公式完全相同。不过菱形本来也是筝形的一种，所以这个公式更适合的名称应该是筝形面积公式。

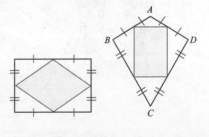

筝形还有一个特点是四条边的中点连接后刚好构成一个长方形。

而将长方形四条边的中点连接之后，则会构成一个菱形。

什么是梯形?

讲完了平行四边形、长方形、菱形之后，大家是不是自然而然地想到了正方形？先别急，在了解正方形之前，我们先来看看梯形。

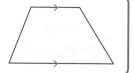

定义 梯形
只有一组对边平行的四边形叫作梯形。

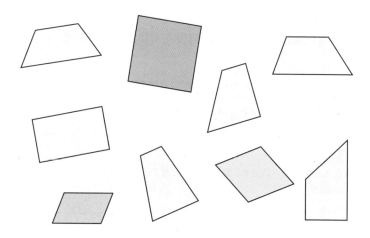

❓ 如何求梯形的面积

大家还记得怎么求梯形的面积吗？就算记得公式，你们能回答上来这个公式的原理吗？

将梯形平行的一组对边作为上下两条底边，然后将它上下颠倒，与原来的梯形拼在一起，就会得到一个平行四边形。

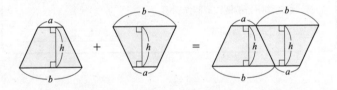

所以要求梯形的面积，只要先求出这个平行四边形的面积再除以 2 就可以了。

平行四边形的面积 = 底×高，从上图中可以看出，这个平行四边形的底是 $a+b$，高是 h，因此：

公式 梯形面积

在上底为 a、下底为 b、高为 h、面积为 S 的梯形中，

$$S = \frac{1}{2}(a+b)h$$

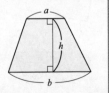

什么是等腰梯形?

只要在梯形定义的基础上稍微增加一个条件，就能让它"进化"成一种特殊的图形:

> **定义** 等腰梯形
> 一组对边平行，另一组对边相等（但不平行）的四边形叫作等腰梯形。
>
>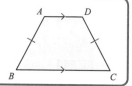

说到梯形，很多同学第一反应就是大坝横截面的形状，即等腰梯形。但是等腰梯形只是梯形这个大家庭中十分特殊的一员。

> 梯形可不只有等腰梯形这一种哦!

那么等腰梯形具有什么特征呢?

> **定理 35** 等腰梯形的性质
> 如右图所示，在 $AD \parallel BC$、$AB=DC$ 的等腰梯形 $ABCD$ 中，$\angle B = \angle C$。
>
>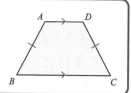

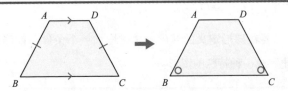

【条件】AD // BC、AB=DC

【结论】∠B=∠C

【证明】

过点 A 作 DC 的平行线与 BC 交于
点 E。

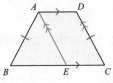

由于两平行线间同位角相等，

所以∠AEB=∠C。……①

由于四边形 AECD 为平行四边形，
所以 AE=DC。

由已知条件可知 AB=DC，所以 AB=AE。

由于等腰三角形两底角相等，所以 ∠B=∠AEB。……②

由①、②式可知 ∠B=∠C。 ■

由已知条件 AD // BC 可知

∠A+∠B=180°

∠D+∠C=180°

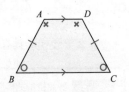

在等腰梯形中，一旦∠B=∠C
得以证明，∠A=∠D 也自然成立。
除了定理 35 之外，等腰梯形还有
一个性质：对角线长度相等。

看来梯形
也分好多
种呢！

提高篇

正方形 它来啦!"终极进化版"四边形!

关键词! ……正方形

什么是正方形?

终于,我们迎来了"终极进化版"的四边形——正方形的华丽出场。在三角形的学习中,我们将三条边都相等的三角形叫作等边三角形,或正三角形。

但正方形的定义却不是"四条边都相等的四边形"这么简单,因为如右图所示的菱形也满足这一条件。

所以正方形的定义要更加严密:

定义 正方形

四个角相等且四条边相等的四边形叫作正方形。

定义中提到了"四个角相等"，说明正方形属于长方形。又说到了"四条边相等"，说明正方形也属于菱形。也就是说，正方形是长方形与菱形的交集。

当然了，正方形还属于平行四边形。

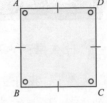

因此，正方形具有平行四边形、长方形和菱形的所有性质。

简直就是名副其实的"终极进化版"！

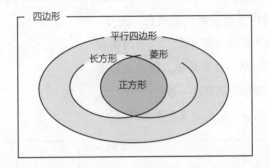

平行四边形、长方形、菱形、正方形之间的关系如上图所示，从图中可以很明显地看出正方形是长方形与菱形的交集。大家要把它们之间的关系记清楚哦。

哇！真的是"终极进化版"的四边形呢！

正方形的性质

下面我们来列举一下正方形的性质，这些都是从平行四边形、长方形、菱形那里总结来的。

- 对角线互相平分。
- 四个角都是直角（90°）。
- 对角线长度相等。
- 对角线互相垂直。

此外，正方形既是轴对称图形，又是中心对称图形。

而且正方形的对称轴可足足有四条呢！

四条对称轴

通往正方形之路

最后让我们来总结一下，一个"平平无奇"的四边形是如何不断"进化"，最终"成长"为完美的正方形的吧。

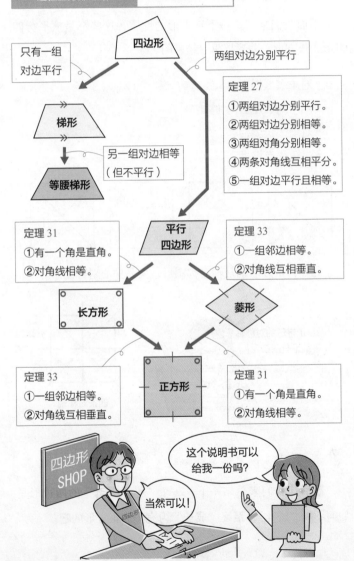

通往正方形之路   BY 四边形 SHOP

四边形

只有一组
对边平行

两组对边分别平行

梯形

定理 27
①两组对边分别平行。
②两组对边分别相等。
③两组对角分别相等。
④两条对角线互相平分。
⑤一组对边平行且相等。

另一组对边相等
（但不平行）

等腰梯形

定理 31
①有一个角是直角。
②对角线相等。

平行
四边形

定理 33
①一组邻边相等。
②对角线互相垂直。

长方形

菱形

定理 33
①一组邻边相等。
②对角线互相垂直。

正方形

定理 31
①有一个角是直角。
②对角线相等。

四边形
SHOP

这个说明书可以
给我一份吗？

当然可以！

第2章
相　似

莱布尼茨（1646—1716）

德国哲学家、数学家，在多个专业领域有所建树。现在我们使用的相似符号∽、微分符号 d、积分符号 ∫ 都是他发明的。

比的性质 学习相似图形之前的"热身准备"

关键词! ……比值、内项、外项、合比定理、分比定理

比 ~~~~~ !

在学习第二章——相似的过程中,"比"将会不断出现,提前熟悉它的用法更加有利于我们的学习,所以这一节中,我们就专门来讲讲"比"。本节中不会出现任何图形,大家也可以选择跳过本节内容,必要时再用做参考即可。

a 与 b 的比 $a:b$
比值为 $\dfrac{a}{b}$

假设有 a、b 两个数,当我们计算"a 是 b 的多少倍"时,得到的就是"a 与 b 之比",表示为"$a:b$",一般读作"a 比 b"。这时,a 叫作前项,b 叫作后项。

在 $b \neq 0$ 的情况下,$\dfrac{a}{b}$ 即为 $a:b$ 的"比值",比值相等的两个比被认为是相等的。此外,只要没有特别说明,本书默认比的后项不为 0。

将比的前项和后项乘以一个相同的数,只要前后项均不

为 0，那么比值就不变。

利用这一性质，我们可以用尽
量小的整数来表示比，这一过程叫作
"比的化简"。

$$a:b=am:bm$$
$$a:b=\frac{a}{m}:\frac{b}{m}$$
$$m\neq 0$$

例如，将 6 : 4 的前后项分别除以 2，可以得到 3 : 2。

❓ 内项之积等于外项之积

若 $a:b$ 与 $c:d$ 相等，则可表示为
$a:b=c:d$，这种用等号将两个比连接
起来的式子叫作比例式。b、c 这样位
于比例式内侧的项叫作内项，而 a、d
这样位于比例式外侧的项则叫作外项。

外项之积

$$a:b=c:d$$

内项之积

比例式中内项与外项之间存在以下关系：

定理 36 内项之积等于外项之积

在比例式中，内项之积等于外项之积。

若 $a:b=c:d$，则 $ad=bc$。

【证明】

因为 $a:b=c:d$，所以

$$\frac{a}{b} = \frac{c}{d}$$

等式两边同时乘 bd，则有

$$\frac{a \cdot bd}{b} = \frac{c \cdot bd}{d}$$

因此 $ad=bc$。 ■

简单来说，就是比例式 $a:b=c:d$ 的外项之积 ad 与内项之积 bc 相等。这个性质很好记，大家务必熟练掌握哦。

$a:b = c:d \iff ad = bc$

内项之积等于外项之积哦！

合比定理、分比定理

下面要给大家介绍的是"合比定理"，这个定理从感觉上来说很好接受。这里我们只进行 **1** 的证明。

定理 37 合比定理
1 若 $a:b=c:d$，则 $(a+b):b=(c+d):d$。
2 若 $a:b=c:d$，则 $a:(a+b)=c:(c+d)$。

【❶的证明】

由于 $a:b=c:d$，所以 $\dfrac{a}{b}=\dfrac{c}{d}$。

等式两边同时加 1 可得

$\dfrac{a}{b}+1=\dfrac{c}{d}+1$，

即 $\dfrac{a+b}{b}=\dfrac{c+b}{d}$。

因此 $(a+b):b=(c+d):d$。 ■

还有一个定理叫作"分比定理"，只要将"合比定理"中的"+"换成"-"就可以了，大家可以试着自己证明一下。

定理 38 分比定理

❶ 若 $a:b=c:d$，则 $(a-b):b=(c-d):d$。

❷ 若 $a:b=c:d$，则 $a:(a-b)=c:(c-d)$。

※ 还有一个结合了"合比定理"和"分比定理"的"合分比定理"。

若 $a:b=c:d$，则 $(a+b):(a-b)=(c+d):(c-d)$。

相似　全等也是相似的一种

关键词！……放大、缩小、相似、相似比、∽

什么是相似？

首先我们要思考的是，如何判断两个图形"形状相同"呢？

上图中，③由①左右拉伸得到，④由①上下拉伸得到，与①相比，这两幅图看起来都有些奇怪。而②则是由①在保持原来的长宽比的基础上同时左右、上下拉伸得到的，虽然大小不同，但看起来却与①"形状相同"。

将某个图形按照一定的比例放大或缩小后得到的图形，与原图形"相似"。例如，上图中的①与②相似。

所有的等边三角形都相似！
所有的正方形都相似！
所有的圆都相似！

相似图形的性质

首先，我们准备一组相似的四边形。

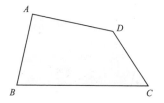

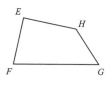

四边形 *ABCD* 缩小后，可以与四边形 *EFGH* 完全重合。很明显，在这种情况下顶点 *A* 将会与顶点 *E* 重合，我们将它们叫作对应点。同样地，放缩后重合的边和角分别叫作对应边、对应角。

BC 和 *FG* 是对应边，
∠*D* 和 ∠*H* 是对应角。

相似图形具有以下性质：

定理 39 相似图形的性质

1 相似图形中，对应边的比相等。

2 相似图形中，对应角分别相等。

❓ 相似比

在一组相似图形中，对应边的比叫作相似比。下图中的 △ABC 和 △DEF 相似，AB 与 DE 为对应边，相似比为 2:3。

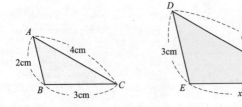

下面我们来求 EF 的长度。

EF 所对应的边是 BC，由于对应边的比相等，因此有：

$$BC:EF=2:3$$
$$3:x=2:3 \quad BC=3$$
$$2x=9 \quad \text{内项之积 = 外项之积}$$
$$x=4.5$$

所以 EF 的长度为 4.5cm。上述计算过程用到了定理 36——内项之积等于外项之积。

全等是相似的一种特例！

相似比为 1:1 时，两个图形全等。所以全等可以看作是相似的一种特例。

 相似符号

右图中的两个三角形相似，这一事实可以表达为下式：

$$\triangle ABC \backsim \triangle DEF$$

"$\backsim$"读作"相似"，与全等符号$\cong$类似，在使用中要注意按照对应点的顺序进行书写。

相传，相似符号来源于拉丁语 similis（相似），由它的首字母逆时针旋转 90° 而来。英语中的 similar（相似）也与拉丁语有相似之处。

第一个使用相似符号的人是德国数学家莱布尼茨。此外，全等符号$\cong$也是由他发明的。这个符号反映了他认为"全等即相似且面积相等"的思想。

莱布尼茨

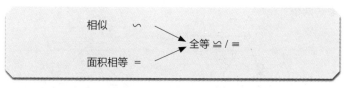

中国一般用$\cong$来表示全等，不过也有一些国家，例如日本，使用简化后的$\equiv$来表示全等。

📍位似图形

那么如何才能画出相似图形呢？接下来就让我们以最简单的三角形为例来一起学习一下吧。

下图展示了将 $\triangle ABC$ 放大两倍的方法。

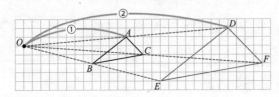

任意取一点 O，分别在 OA、OB、OC 的延长线上取点 D、E、F 使得

$$OA:OD=OB:OE=OC:OF=1:2$$

这一方法也可以用来缩小图形哦。

定义 位似图形

两个相似图形中，每组对应点的连线相交于一点，且该点到每组对应点的距离之比相等，这样的两个图形就叫作位似图形，这个交点叫作位似中心。

以下两种方法也是利用位似变换，将 $\triangle ABC$ 放大到了原来的两倍。

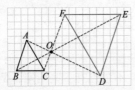 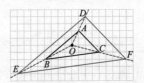

相似三角形的判定条件

可以利用"全等判定条件"
找到"相似判定条件"吗?

关键词! ……相似三角形的判定条件

 找出相似三角形的判定条件!

为了便于判断两个三角形是否相似,我们需要找到相似
三角形的判定条件。

为此,首先要了解两个
相似三角形之间存在的关系。

请仔细观察右图。

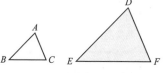

$\triangle ABC$ 与 $\triangle DEF$ 相似且
相似比为 $1:2$。

这两个三角形的边和角具有以下关系:

$AB:DE=1:2 \quad BC:EF=1:2 \quad CA:FD=1:2$

$\angle A=\angle D \quad \angle B=\angle E \quad \angle C=\angle F$

这就是相似图形的
性质哦!

那么问题来了,如果我们想将 $\triangle ABC$
放大至原来的两倍,得到一个新的三角形
的话,应该怎么做呢?

这时我们可以先忘记"放大"这件事,将问题转化为画一个与△DEF全等的三角形。刚好我们有一个完美的范本,只用照着它画就可以了。

在绘制全等三角形时,可以利用全等三角形的判定方法。

定理 10 **全等三角形的判定条件**

若两三角形符合以下任一条件,则它们全等。

1 三边对应相等。(SSS)

2 两边及其夹角对应相等。(SAS)

3 两角及其夹边对应相等。(ASA)

从以上定理可以看出,最后画出的△GHI需要满足以下任一条件:

1 $AB:GH=1:2$、$BC:HI=1:2$、$CA:IG=1:2$。

2 $AB:GH=1:2$、$BC:HI=1:2$、$\angle B=\angle H$。

3 $BC:HI=1:2$、$\angle B=\angle H$、$\angle C=\angle I$。

※ 注意,条件**3**中的 $BC:HI=1:2$ 仅表示相似比,与相似的判定无关。

> 马上就要学习我们期待已久的相似三角形判定条件了!

这样一来,我们便可以将相似三角形的判定条件总结如下:

定理40 相似三角形的判定条件

两三角形在满足以下任一条件时相似。

1 三边对应成比例。

$a:a'=b:b'=c:c'$

2 两边对应成比例且夹角相等。

$a:a'=c:c'$

$\angle B=\angle B'$

3 两角对应相等。

$\angle B=\angle B'$

$\angle C=\angle C'$

其中，$a:a'=b:b'=c:c'$ 表示 $a:a'$、$b:b'$、$c:c'$ 三者相等。

这点很重要！

证明相似　　直角三角形真的很神秘呢

关键词！……相似三角形的判定条件、翻转型相似

 翻转型相似

既然已经找到了相似三角形的判定条件，接下来我们就利用这些条件来挑战一下实际的证明问题吧！

正式开始之前，先来个热身。大家能在右图中找到相似三角形吗？

相信大家一定都找到了吧。没错，就是 $\triangle ADE \backsim \triangle ABC$。

$\angle A$ 为公共角

$\angle ADE = \angle ABC$

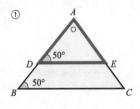

它们符合相似三角形的判定条件"两角对应相等"。这类相似一看便知，但同时也是相似三角形中的一个重要类型，之后会经常出现。

下面请大家再看看右图，这次大家能找出相似三角形吗？有两组哦。加油把它们找出来吧！

能找到吗？

98

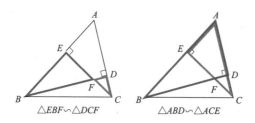

△EBF∽△DCF △ABD∽△ACE

答案是上图中的两组。它们都符合"两角对应相等"的相似判定条件。

刚刚的图①只是对原图形进行了单纯的放大或缩小，但图②中的两组三角形还发生了翻转，这类相似叫作翻转型相似。翻转导致我们更难在图②中找到相似三角形。虽然一开始很痛苦，但要相信熟能生巧。

三角形翻转之后就很难找到相似了呢!

❓找不到相似？拆分三角形!

大家能在右图中找出相似三角形吗？图中也有一组翻转型相似三角形哦。

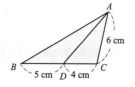

答案是△ABC 和△DAC 相似。

诶？看不出来吗？这个时候我们可以将这两个三角形单独拆分出来，如下页图所示。

【证明】

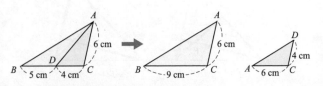

在 △ABC 与 △DAC 中，

由已知条件可知 BC:AC=CA:CD=3:2，

∠C 为公共角，

因此，两三角形两边对应成比例且夹角相等，所以
△ABC ∽ △DAC。 ■

 直角三角形中处处皆相似！

下面我们要看的这道题，几乎出现在了所有的初中数学
教材中。

【题目】

如右图所示，△ABC 是直角三角形，其
中∠BAC＝90°，过点 A 作 AD 垂直于 BC，交
BC 于点 D。试证明：

AB · AB＝BC · BD。

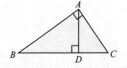

题目中的结论里竟然出现了乘法计算！第一次见到这种
题目的同学可能会觉得很难入手。

这里给大家一点提示，这道题其实是要证明 △ABC 和
△DBA 相似（翻转型相似！）。

※ 其实除了 △DBA 之外，△DAC 也与 △ABC 相似，这么一张简单的图里居然有三
   组相似三角形，是不是很神奇。

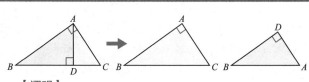

【证明】

在△ABC 与△DBA 中，

由已知条件可知 ∠BAC=∠BDA，

∠B 为公共角，

由于两三角形两角分别对应相等，所以△ABC∽△DBA。

又因相似三角形对应边的比相等，所以

AB∶DB=BC∶BA，

因此 AB·AB=BC·BD。 ■

　　$AB·AB$ 可以表示为 AB^2，所以上述结论可以改写为：

$$AB^2=BC·BD \cdots\cdots ①$$

　　其实在这道题中，还存在其他两组相似三角形，我们可以由此推导出以下结论（直角三角形射影定理）：

　　由△ABC∽△DAC 可知，$AC^2=BC·CD$ ⋯⋯②

　　由△DBA∽△DAC 可知，$AD^2=BD·CD$ ⋯⋯③

　　虽然以上三个式子的表现形式都很漂亮，但其中③式是最好记的，可以直接记作"纵、纵、横、横"。

$AD^2=BD·CD$

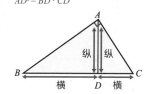

三角形与平行线　　形似"拇指"和"葫芦"的定理

关键词! ……相似、三角形、平行线

常见的相似三角形

在上一节中，我们挑战了几个证明三角形相似的题目。这样的题目做得多了之后，大家一看到类似的题目就会觉得，"啊，又是这种题"。这个时候再让大家去证明相似，大家肯定会觉得很乏味。

例如右图。

只是在三角形中增加了一条平行线而已，却在练习册中出现了无数次。

那大家知道这幅图中哪两个三角形相似吗？

这个问题很简单，那就是△ADE 和△ABC 相似，下面我们就来证明一下。

原来如此！

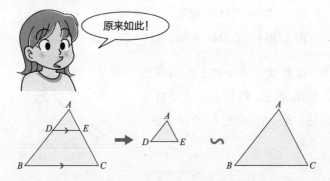

102

【证明】

在△ADE 与△ABC 中，

∠ADE＝∠ABC，

∠A 为公共角，

两角分别对应相等，所以△ADE∽△ABC。 ■

在三角形中画一条平行线……

我们已经成功证明了△ADE∽△ABC，根据相似图形对应边的比相等这一性质，我们可以推导出以下定理：

定理 41 三角形与平行线

在右图△ABC 中：

1 若 DE∥BC，则

AD:AB=AE:AC=DE:BC。

2 若 DE∥BC，则

AD:DB=AE:EC。

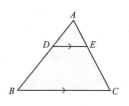

定理中 1 和 2 的形式非常相似，大家知道它们的区别吗？

1 是由△ADE∽△ABC 直接推导而来的。

2 则是利用定理 38——分比定理，由 1 中的比例式 AD:AB=AE:AC 变形而来。

$$AD:AB=AE:AC$$

$$AD:(AB-AD)=AE:(AC-AE) \quad ←分比定理$$

$$AD:DB=AE:EC$$

"拇指定理"和"葫芦定理"

为了便于大家记住定理 41，我们在对应线段上进行标记。

首先是 ❶ 式的示意图，看起来像什么？

它是不是很像拇指指尖？上面还有指甲。

虽然这个类比有些牵强，但我们就勉强将其称为"拇指定理"吧。

❷ 式的示意图就很明显了，像一个葫芦。

其实也有学生和我说过它更像是哆啦 A 梦，不过我还是坚持将其称为"葫芦定理"。如果你觉得哆啦 A 梦更好记的话当然也没问题。

$AD : AB = AE : AC = DE : BC$

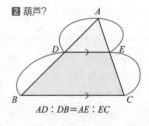

$AD : DB = AE : EC$

拇指和葫芦中的对应线段看似相同却又有所不同，会造成一些同学的混淆。大家在使用时一定要注意区分。

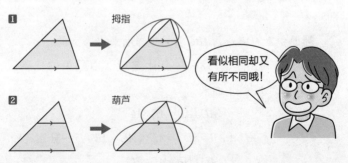

？ 在题目中的应用

接下来我们尝试着应用"拇指定理"和"葫芦定理"来解决一些实际的题目。

【题目】

求右图中 x 和 y 的值。

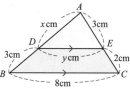

先求 x，这里要用到"葫芦定理"。

葫芦

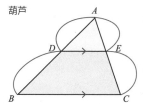

$$AD : DB = AE : EC$$

$$x : 3 = 3 : 2$$

$$2x = 9$$

$$x = \frac{9}{2}$$

答：$\frac{9}{2}$

原来这种时候要用"葫芦定理"！

然后求 y，这里要用到"拇指定理"，"葫芦定理"并不适用。这里利用"拇指定理"中的下方和右侧两组线段形成的比例式。

拇指

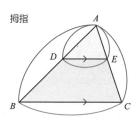

$$DE : BC = AE : AC$$

$$y : 8 = 3 : (3 + 2)$$

$$y : 8 = 3 : 5$$

$$5y = 24$$

$$y = \frac{24}{5}$$

答：$\frac{24}{5}$

另外，如下图所示，当 BC 的平行线与 AB、AC 的延长线或反向延长线相交时，定理 41 依然成立。

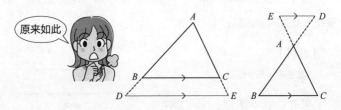

判定平行的方法增加了！

刚刚我们证明过的定理 41，反过来也依然成立。我们可以利用它推导出两直线平行。

这个定理说的是"线段成比例则平行"。

定理 42 三角形与平行线

在下图△ ABC 中：

1 若 $AD:AB=AE:AC$，则 $DE /\!/ BC$。

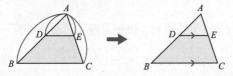

2 若 $AD:DB=AE:EC$，则 $DE /\!/ BC$。

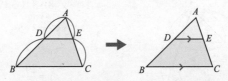

为了便于大家更好地理解定理 42，我在图中做了标记，

如下图所示，**1**式呈现"拇指"形，**2**式呈现"葫芦"形。

注意，"拇指定理"中的 $DE:BC$ 与定理 42 无关。

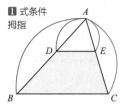

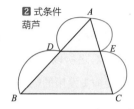

2式的条件只要利用合比定理即可转化为**1**式的条件，所以我们在这里只给出**1**式的证明过程。

> 【证明】
>
> 在 $\triangle ADE$ 与 $\triangle ABC$ 中，
>
> $AD:AB=AE:AC$，且 $\angle A$ 为公共角，
>
> 由于两三角形两边对应成比例且夹角相等，
>
> 所以 $\triangle ADE \backsim \triangle ABC$。
>
> 由此可知 $\angle ADE = \angle ABC$，同位角相等，所以 $DE \parallel BC$。

这个定理用处可是大得很。

之前我们已经学过了三个两条直线平行的判定条件：

1 同位角相等。

2 内错角相等。

3 同旁内角互补。

定理 42 的用处可是大得很哦！

这三个条件都与角有关，但定理 42 中却并没有任何关于角的描述。学习完这个定理，我们就能凭借线段的长度关系

来判定平行了。太棒了！

🗝 必考题——"蝴蝶结问题"

学习完定理 41、42 之后，来挑战一下必考题目"蝴蝶结问题"吧。之所以这样命名，是因为我觉得这种题目里的图形很像装饰头发用的蝴蝶结。

【题目】

在右图中，已知 *AB* ∥ *EF* ∥ *CD*，求线段 *EF* 的长度。

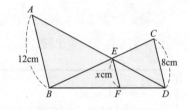

假设线段 *EF* 长度为 x cm，很明显，x 的值应该小于 8。

看到这里可能有人会觉得"这还用说"，但总是有人过于沉浸在题目的计算当中，就连最后得到一个不符合常理的答案也注意不到，所以还是要先明确一下。

我们将这道题的解题过程拆分为两个阶段。

第一个阶段，证明 △*ABE* 与 △*DCE* 相似。相似比为 12∶8，即 3∶2，因此对应线段的比均为 3∶2。

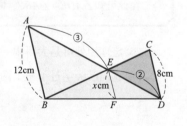

$$AB:DC=AE:DE=BE:CE=3:2 \cdots\cdots ①$$

此外，*BF* 与 *FD* 的比也是 3∶2。

※ 图中的③、②代表线段的长度比。本书中为区分具体长度和比，会用〇或□来表示比。

第二个阶段，分析△ABD。将图形进行旋转，使 AB 成为底边（便于观察）。

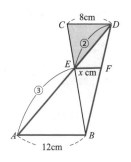

由第一个阶段中得到的①式可知：

$DE : EA = 2 : 3$

然后我们利用"拇指定理"得出以下比例式：

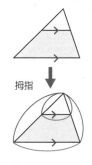

拇指

$EF : AB = DE : DA$

$x : 12 = 2 : (2+3)$

$x : 12 = 2 : 5$

$5x = 24$

$x = \dfrac{24}{5}$

答：$\dfrac{24}{5}$cm

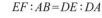

尝试将题目中的图形旋转、颠倒，或许会有不一样的发现！

当然了，利用△CBD 也能求出 x 的值，只要旋转图形，将 DC 作为底边，就可以找到图中的"拇指定理"了。

当我们拿到一幅图时，除了它原本的角度，还可以将它旋转、颠倒，从不同的方向进行观察。

平行线分线段成比例

三等分、四等分，想几等分都可以！

关键词！⋯⋯相似、平行线、角平分线

与 "葫芦" 的再次相遇

多条相互平行的直线中会不会存在某种规律？

这就是我们这一节要学习的定理：

定理 43 平行线分线段成比例

两条直线被一组平行线（不少于 3 条）所截，截得的对应线段的长度成比例。

只看文字的话可能很难理解。

其实就是像右图这样，直线 l、m 被三条平行线 p、q、r 所截，此时以下比例式成立：

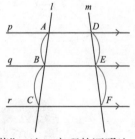

$$AB:BC=DE:EF$$

这幅图看起来是不是也很像 "葫芦"？这一定理的证明比较简单。

又是葫芦！

【证明】

作线段 AF，与直线 q 交于点 G。

在 $\triangle ACF$ 中，由于 $BG \parallel CF$，所以 $AB:BC=AG:GF$。

在 $\triangle FAD$ 中，由于 $GE \parallel AD$，所以 $AG:GF=DE:EF$。

因此 $AB:BC=DE:EF$。∎

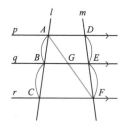

 如何将线段三等分？

灵活利用定理 43，可以只靠一个圆规就完成线段的三等分。下面我们就来实际操作一下，将线段 AB 三等分。

真的能做到吗？

【作图】

① 作射线 AX。

② 将圆规打开至一定角度，从点 A 开始顺次取点 C_1、C_2、C_3。

③ 连接点 C_3 及点 B。

④ 分别过点 C_1、C_2 作 C_3B 的平行线，与线段 AB 相交。

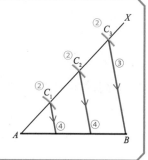

用同样的方法，还可以将线段四等分、五等分。

再进一步利用定理，还能将 a、b 的乘积 ab 和商 $\dfrac{a}{b}$ 的长度也表现在图形中。

$a : x = 1 : b$
$x = ab$

$a : x = b : 1$
$x = \dfrac{a}{b}$

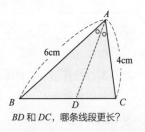

这个方法真好用！

❓ 三角形内角平分线定理

下面我们继续学习定理 43 的实际应用。

在右图的 $\triangle ABC$ 中，作 $\angle A$ 的平分线，与 BC 交于点 D。

从图上来看，BD 好像是比 DC 要长一些。但仅凭视觉感受是不够的，我们要严谨地求出两边之比。

BD 和 DC，哪条线段更长？

事实上，$BD : DC = AB : AC = 3 : 2$，这需要用到下面的定理。

定理 44 三角形内角平分线定理

在△ABC中，若∠A 的平分线与BC 交于点D，则

$$BD:DC=AB:AC。$$

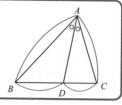

【证明】

过点 C 作 AD 的平行线与 BA 的延长线交于点 E。

由于 AD // EC，所以

∠BAD=∠AEC（同位角），

∠DAC=∠ACE（内错角），

由条件可知，∠BAD=∠DAC，所以

∠AEC=∠ACE。

因此，△ACE 为等腰三角形，

AE=AC。 ……①

在△BCE 中，由于 AD // EC，所以

BD:DC=BA:AE。……②

由①、②式可知 BD:DC=AB:AC。∎

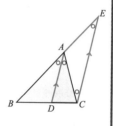

学到了！

三角形外角平分线定理

接下来我们要将定理 43 应用于三角形的外角平分线中。

定理 45 三角形外角平分线定理

在 $\triangle ABC$ 中，$AB \neq AC$，若 $\angle A$ 的外角平分线与 BC 的延长线交于点 D，则

$$BD : DC = AB : AC。$$

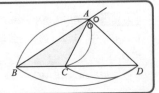

【证明】

过点 C 作 AD 的平行线与 BA 交于点 E。

由于 $AD \parallel EC$，所以

$\angle FAD = \angle AEC$，（同位角）

$\angle DAC = \angle ACE$，（内错角）

由条件可知，$\angle FAD = \angle DAC$，所以

$\angle AEC = \angle ACE$。

因此，$\triangle ACE$ 为等腰三角形，

$AE = AC$。   ……①

在 $\triangle BDA$ 中，由于 $EC \parallel AD$，所以

$BD : CD = BA : EA$。   ……②

由①、②式可知 $BD : DC = AB : AC$。 ∎

注意，当 $AB = AC$ 时，$\angle A$ 的外角平分线与 BC 平行，与 BC 不会产生交点。

❓ 相似图形的性质也能被证明！

面向初中生的标准教材中一般这样描述相似：

将一个图形按照一定比例放大或缩小之后得到的图形，与原图形相似。

"一定比例"是在强调"形状不变"这一特点。那么"形状不变"又是指什么呢？定义中并没有对此做出详细的解释，从这一点上来说是欠缺严密性的（不过毕竟对象是初中生，这也是一种无奈之举）。

此外，标准教材中虽然也重点介绍了"相似图形的性质"（本书中的定理39），但并未给出相关证明，只是作为已知事项，用在之后的证明（本书中的定理41、42、43等）当中。

而本书则对相似进行了明确的定义，"相似图形的性质"其实也应该由这一定义推导而出。

其实就算不利用相似三角形的性质，我们也能证明定理41、42、43。这样一来，我们就可以利用这些定理从"相似的定义"推导出"相似图形的性质"了。

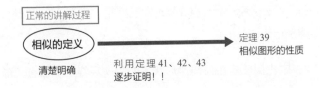

正常的讲解过程

相似的定义 ———————————————→ 定理39
相似图形的性质

清楚明确   利用定理 41、42、43
逐步证明！！

　　但是这个证明过程太长了，又考虑到有些读者可能已经完成了初中的学习，只是通过本书进行回顾。如果本书内容与他们当初所学相差太远，可能会影响他们的阅读体验，所以我思索再三，还是决定在本书中也省略这一证明。

　　但至少我想告诉大家，就算不利用相似三角形的性质，我们也能证明定理41、42、43。

　　我们就以定理43为例，介绍一下如何利用其他方法来证明这一定理。

【证明】

　　若两三角形等高，则其面积与底边长度成正比，因此以下比例式在右图中成立：

$AB : BC = S_{\triangle ABE} : S_{\triangle BCE}$

$= S_{\triangle DEB} : S_{\triangle EFB}$（$p \mathbin{/\!/} q \mathbin{/\!/} r$）

$= DE : EF$。■

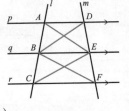

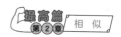

中位线定理　连接两个中点之后，会有神奇的发现哦！

关键词！……中位线定理

 连接三角形的两个中点……

$\triangle ABC$ 中，AB、AC 的中点分别为 M、N，连接两个中点，你会有什么新发现吗？

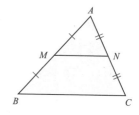

$$AM:MB=AN:NC=1:1$$

所以由定理 42 **2**（葫芦定理的逆定理）可以推出，$MN /\!/ BC$。

再根据定理 41 **1**（拇指定理）就能知道：

$$AM:AB=AN:AC=MN:BC=1:2$$

这就是有名的中位线定理。

> **定理 46** 中位线定理
> 连接三角形两边中点的线段（中位线），与第三边平行且长度是第三边的一半。

这个定理看起来很容易理解，证明过程如上所述也很简单。

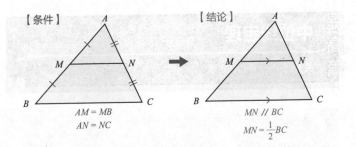

【条件】 $AM = MB$ $AN = NC$

【结论】 $MN \parallel BC$ $MN = \dfrac{1}{2}BC$

上图是这一定理最为简化的图形表达，在实际问题中，我们还会碰到它的一些变形，例如旋转、翻转等。碰到这样的题目，大家也要一下子想到中位线定理哦。

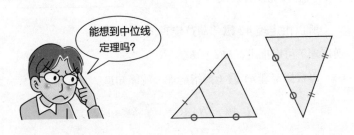

能想到中位线定理吗？

❓ 连接梯形两腰中点……

本节中将会给大家介绍几个利用中位线定理解决的常规问题。

首先，我们先来看一下中位线定理在梯形中的应用。

【题目】

在右图的梯形 $ABCD$ 中，点 M、N 分别为 AB、DC 的中点，试求线段 MN 的长。

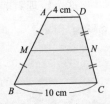

从图上来看，*MN* 要比 *AD* 长一些，但又比 *BC* 短一些。题目已经告诉我们 *MN* 位于这个梯形的正中间（即为梯形的中位线），那它的长度会不会刚好在 4cm 和 10cm 的正中间呢？

如果你真的这么想，那我只能说你的直觉很准。

其实不管是否正确，在答题之前都最好有一个自己的猜测。

没错，答案就是 4cm 和 10cm 的平均数——7cm。

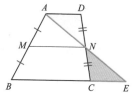

你的直觉很准哦!

这道题并不要求给出证明过程，所以我们只大致解释一下。

设 *AN* 的延长线与 *BC* 的延长线交于点 *E*。

△*ADN* 与 △*ECN* 的两角及其夹边对应相等（ASA），两三角形全等。所以

AN=EN，*AD=EC*

在 △*ABE* 中，*M*、*N* 分别是 *AB*、*AE* 的中点，由中位线定理可知：

$MN \parallel BE$，$MN=\dfrac{1}{2}BE$。

因此，*MN* 的长度是 *BE* 的一半。

$$MN = \frac{1}{2}(BC+CE)$$
$$= \frac{1}{2}(BC+AD)$$
$$= \frac{1}{2} \times (10+4)$$
$$= 7 \text{ (cm)}$$

答：7cm

以上，我们证明了梯形的中位线平行于上下两底，且长度等于两底和的一半。这就是梯形中位线定理。

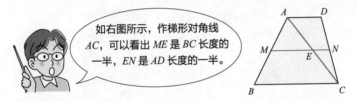

如右图所示，作梯形对角线 AC，可以看出 ME 是 BC 长度的一半，EN 是 AD 长度的一半。

❓ 连接四边形的四个中点……

下面是中位线定理应用的最后一题，这次我们要把四边形的四个中点都连起来。

【题目】

在四边形 $ABCD$ 中，P、Q、R、S 分别为 AB、BC、CD、DA 的中点，试证明四边形 $PQRS$ 为平行四边形。

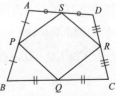

题目并未说明 $ABCD$ 是否为特殊四边形，所以我们作图时选择了一个既不是梯形也不是平行四边形的不规则四边形。

【证明】

作四边形 $ABCD$ 的对角线 BD。

在 $\triangle ABD$ 中，由条件可知点 P、S 分别为 AB、AD 的中点，所以

$PS \parallel BD$，$PS = \dfrac{1}{2}BD$。 ……①

同理，在 $\triangle CBD$ 中，

$QR \parallel BD$，$QR = \dfrac{1}{2}BD$。 ……②

综上可得 $PS \parallel QR$ 且 $PS = QR$。

四边形 $PQRS$ 一组对边平行且相等，可以判定为平行四边形。 ■

根据原四边形的形状不同，连接四条边中点得到的平行四边形类型也有所不同。为纪念这一平行四边形的发现者——法国数学家瓦里尼翁，我们也将它称为"瓦里尼翁平行四边形"。

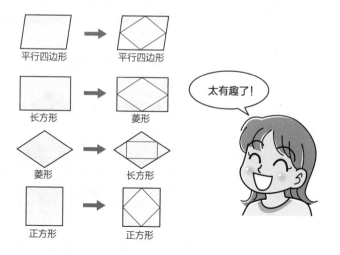

相似图形的面积比

把煎饼的半径扩大到原来的两倍，它的面积会怎样变化呢？

关键词！……相似比、面积比、同心圆

如果把煎饼的半径扩大两倍……

我特别喜欢吃煎饼，有一天我突然觉得自己饥饿难耐、胃口大开，于是就想让老板给我做一个加大版的煎饼，半径是平时煎饼的两倍。可如果这件事真的发生了，那后果真是不堪设想。

半径为 r 的圆，面积是 πr^2，如果半径增加到原来的两倍变成 $2r$，那面积就成了

$$\pi \times (2r)^2 = 4\pi r^2$$

是原来的整整 4 倍。

如果半径增加到原来的 3 倍，那面积……大家都想到了吧，是原来的 9 倍。

所有的圆都相似，若相似比为 1∶3，则面积比为 1∶9。

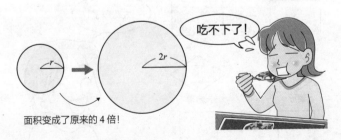

面积变成了原来的 4 倍！

吃不下了！

相似比为 $m:n$ 时的面积比

如果将上文中的圆换成三角形或者四边形又会怎么样呢？下图中展示了相似比为 $1:2:3$ 的一组三角形和一组四边形。

请大家数一下上图中三角形和正方形的个数。从图中我们可以得出以下结论：

$$相似比\ 1:2 \to 面积比\ 1^2:2^2\ (=1:4)$$

$$相似比\ 1:3 \to 面积比\ 1^2:3^2\ (=1:9)$$

一般来说，相似图形的面积比符合以下规律：

定理 47 相似图形的面积比

相似比为 $m:n$ 的一组相似图形，面积比为 $m^2:n^2$。

我们将这个定理放在三角形中考虑。

如右图所示，$\triangle ABC$ 与 $\triangle DEF$ 相似且相似比为 $m:n$。

因为相似图形对应边成比例，所以我们假设 $\triangle ABC$ 的底边为 ma，高为 mh；$\triangle DEF$ 的底边为 na，高为 nh。

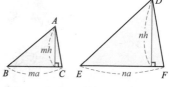

分别求出两个三角形的面积：

$$S_{\triangle ABC} = \frac{1}{2}\, ma \cdot mh = \frac{1}{2}\, m^2 ah,$$

$$S_{\triangle DEF} = \frac{1}{2} na \cdot nh = \frac{1}{2} n^2 ah,$$

因此，

$$S_{\triangle ABC} : S_{\triangle DEF} = \frac{1}{2} m^2 ah : \frac{1}{2} n^2 ah = m^2 : n^2 。$$

以上，我们证明了相似比为 $m:n$ 的三角形面积比为 $m^2 : n^2$。

而多边形由于其能够拆分为多个三角形的特点，依然符合定理47的规律。事实上，定理47几乎适用于所有的平面图形。

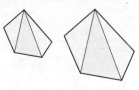

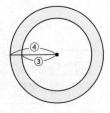 试求圆环面积！

右图是半径比为 4:3 的两个同心圆（圆心相同而半径不同的圆），求图中红色部分面积占大圆面积的比。

两个圆的相似比为 4:3，面积比则为 16:9，因此红色部分面积等于大圆面积的 $\frac{16-9}{16} = \frac{7}{16}$。

原来如此！

平时生活中，我们往往将这种图形描述为"大一圈"。如果我们假设大圆的半径是小圆的 1.1 倍，那么面积将会是小圆的 $1.1^2 = 1.21$ 倍，也就是比小圆大 20% 左右。

相似立体图形的表面积比、体积比

想象一下堆放在一起的方糖！

关键词！……相似、相似比、连比、表面积比、体积比

立体图形中也有相似！

下面我们开始研究相似的立体图形。

将一个立体图形按照一定的比例放大或缩小，得到的立体图形与原图形相似。

比如，准备一些大小相同的方糖，先放一块在桌子上，然后排列组合出边长为其两倍、三倍的立方体，这些立方体就是相似的立体图形。

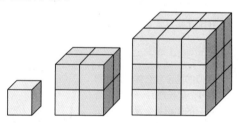

相似的立体图形一般具有以下性质：

定理48 相似立体图形的性质

❶ 相似的立体图形中，对应边的比相等。

❷ 相似的立体图形中，对应角分别相等。

其中对应边的比也叫作相似比。上图中 3 个立方体的相似比就是 1∶2∶3。

※ 补充一条，$a∶b∶c$ 叫作 a、b、c 的连比。

相似立体图形的体积比

相似比为 $m:n$ 的立体图形，表面积比为 $m^2:n^2$，只要将每一个面都看作是相似的平面图形就能得出这个结论。

相似立体图形的表面积比和体积比符合以下规律：

> **定理 49** 相似立体图形的表面积比、体积比
>
> 相似比为 $m:n$ 的相似立体图形中，
> 表面积比为 $m^2:n^2$，体积比为 $m^3:n^3$。

大家可以数一下前一页图中方糖的个数，从左到右依次为 1 个、8 个、27 个，体积比刚好是相似比的立方。

$$相似比 \; 1:2 \rightarrow 体积比 \; 1^3:2^3 \; (=1:8)$$
$$相似比 \; 1:3 \rightarrow 体积比 \; 1^3:3^3 \; (=1:27)$$

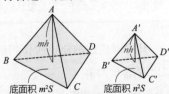

相似的两个立方体，如果其中一个边长是另一个的 3 倍，那它的体积将会是另一个的整整 27 倍！

那如果是三棱锥呢？如果三棱锥也符合这一规律，那我们就能推测出所有立体图形都符合这一规律了。

如右图所示，两个三棱锥 $A-BCD$、$A'-B'C'D'$ 的相似比为 $m:n$。

底面积 m^2S 底面积 n^2S

设三棱锥 A–BCD 的底面积为 m^2S，高为 mh；三棱锥 A'–$B'C'D'$ 的底面积为 n^2S，高为 nh。

两个三棱锥体积分别为 V、V' ，则

$$V= \frac{1}{3} m^2S \cdot mh = \frac{1}{3} m^3Sh,$$

$$V' = \frac{1}{3} n^2S \cdot nh = \frac{1}{3} n^3Sh,$$

因此，$V:V' = \frac{1}{3} m^3Sh : \frac{1}{3} n^3Sh = m^3 : n^3$。

以上，我们证明了相似比为 $m:n$ 的三棱锥，体积比为 $m^3 : n^3$。

证明成功了呢！

格列佛的体积是？

如右图所示的圆锥形容器中装有一定量的水，水面高度刚好是圆锥高度的一半。这时水的形状与容器形状相似，相似比是 $1:2$，体积比是 $1:8$。

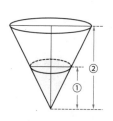

虽然水面高度已经达到了容器的一半，但其实体积只占

了容器的八分之一。

《格列佛游记》
引用自维基百科

爱尔兰作家乔纳森·斯威夫特（1667—1745）有一部著名作品，叫作《格列佛游记》（1726年第一版）。

书中，格列佛第一个到访的国家是利立浦特，这里的所有人都是"身高不到6英寸的小人"（1英寸约2.54厘米）。而格列佛的身高大约是他们的12倍。

利立浦特人热情地用美食款待格列佛，令人惊讶的是，格列佛一个人吃掉的食物就相当于足足1724个利立浦特人吃掉的食物。

什么？1724个？

我们来算一下，格列佛与小人们的身高比是12:1，体积比是身高比的立方，所以他的体积是小人们的

$$12 \times 12 \times 12 = 1728 \ \text{倍}$$

假设食量和体积成正比，格列佛应该吃掉1728利立浦特人份的食物，书中的描述比这个数字少了4人。

那这到底是斯威夫特算错了，还是他自有深意呢？

白银比例、黄金比例 最为完美与和谐的比

关键词! ……白银比例、黄金比例

无限相似

我们平时用的打印纸一般有 A 系列和 B 系列两种，它们的基准分别是 A0 和 B0，也就是面积分别为 $1m^2$ 和 $1.4m^2$ 的长方形纸张。

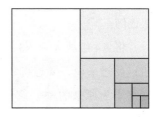

A 系列和 B 系列的打印纸有一个神奇的性质，那就是将它们沿长边对折后，得到的 A1 和 B1 打印纸分别与 A0 和 B0 纸相似。这样一直对折下去，会得到无穷无尽的相似长方形。它们分别被依次命名为 A2、A3、A4……，B2、B3、B4……

好厉害!

白银比例

一直对折下去就能得到无数个相似的长方形，是不是很神奇？其实它的奥秘就在于长方形的长宽比。

如下图所示，对折后的长方形与原长方形相似，意味着以下等式成立：

$AB:AD=BF:AB$

设 $AB=1$、$AD=x$，则

$1:x=\dfrac{x}{2}:1$

$x^2=2$

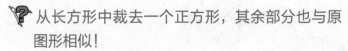

因为 $x>0$，所以 $x=\sqrt{2}$（≈ 1.414）

所以这个长方形的长宽比就是 $\sqrt{2}:1$。这个比例叫作"白银比例"。

将 A4 纸放大到 A3，需要将边的长度放大为原来的 $\sqrt{2}$ 倍；反过来说，要想将 A3 纸缩小为 A4，则需要将边的长度缩小为原来的 $\dfrac{1}{\sqrt{2}}$。它们对应的数值分别为 1.414……和 0.707……

看到这里大家应该都明白了吧，这就是我们平时用复印机放大或缩小时，经常会看到 141% 和 71% 这两个倍数的原因了。

从长方形中裁去一个正方形，其余部分也与原图形相似！

还有一个特殊的比例叫作"黄金比例"。

假设有一个长方形，以它的宽为边长裁去一个正方形，剩下

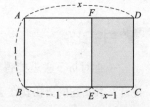

的长方形与原长方形相似，这种长方形的长宽比就叫作"黄金比例"。

我们来试着计算一下。

在右上图中，以下比例式成立：

$AB:AD=EC:EF$

设 $AB=1$，$AD=x$，试求原长方形的长宽比。

$1:x=（x-1）:1$

$x^2-x-1=0$

因为 $x>0$，所以 $x=\dfrac{1+\sqrt{5}}{2}$

由于 $\sqrt{5}≈2.236$，所以 $x≈1.618$。再四舍五入一下，黄金比例约为 1.6:1，换算成整数比约为 8:5。

这样就求出黄金比例啦！

※ 黄金比例一般用希腊字母 φ 来表示，$\varphi=1.61803\ 39887\ 49894\cdots$

随处可见的黄金比例！

正五边形中也存在黄金比例，它的对角线与边长的长度比刚好是黄金比例。除此之外，正五边形中还存在着其他黄金比例，大家可以仔细观察右图，试着自己找找看。

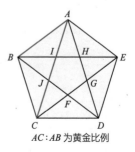

$AC:AB$ 为黄金比例

自希腊艺术的繁盛期开始，便有许多人将黄金比例看作是最和谐的比，将它应用在各种建筑物和美术作品中。比如亚历山德罗斯创作的断臂维纳斯雕像，以肚脐为界，上下两部分的高度比就接近 5:8。

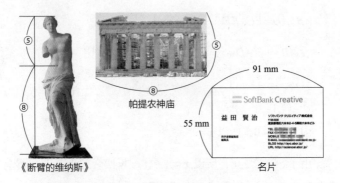

《断臂的维纳斯》

帕提农神庙

名片

我们身边的很多常用物品也应用了黄金比例。

比如名片的大小一般是 55mm × 91mm，长宽比约为 1.65:1。信用卡、交通卡等 IC 卡的大小一般是 54mm × 86mm，其长宽比同样很接近黄金比例。

还有香烟盒、iPod、数码相机等，也会应用黄金比例。

 三角形的重心 你能用一根手指支起一个三角形吗？

关键词！ ……内分、外分、中线、重心

 内分与外分

数学中有"内分""外分"两个用语。虽然初中教材没有涉及，但这两个词非常好用。

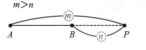 我没听过这两个词啊！

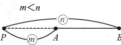

定义 内分与外分

线段 AB 上有一点 P，当

$AP:PB=m:n$ 成立时，

点 P 内分线段 AB，叫作 AB 的内分点。

而当点 P 在线段 AB（BA）的延长线上，且

$AP:PB=m:n$ 成立时，

点 P 外分线段 AB，叫作 AB 的外分点。

❓ 三角形的最佳平衡点

连接三角形顶点到其对边中点的线段叫作中线，它满足如下定理：

> **定理 50** 三角形的中线
> 三角形的三条中线交于一点，这一点将各中线内分为 2:1 的两条线段。

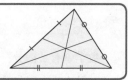

内分大家应该没问题了吧？

"内分为 2:1 的两条线段"简单来说，就是"分成了 2:1 的两段"。

这个定理我们稍后会给出证明，现在先来看定理中的另一个重点，"交于一点"，这可是很神奇的！如左图所示，三角形中有一个特殊的点，只要这一点受力，就能支撑起整个三角形。这个点叫作重心。

大家可以试着用厚纸板剪出一个三角形，然后找到它三条中线的交点，就是它的重心了。用牙签穿过重心，就能做成一个陀螺。

比平时玩陀螺还开心！

【证明】

如右图所示，在△ABC中，两中线BE与CD交于点G。

由中位线定理可知

DE // BC，$DE = \frac{1}{2}BC$。

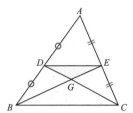

又因为△GBC∽△GED，所以

BG : GE = BC : DE = 2 : 1。

同样地，如右图所示，若两中线BE与AF交于点H，则

BH : HE = AB : EF = 2 : 1。

点G与点H同时位于线段BE上，且将其内分为2 : 1的两条线段，可以判定为同一点。

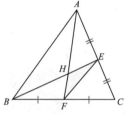

因此，△ABC的三条中线交于一点G。

此外，由于AG : GF = 2 : 1、CG : GD = 2 : 1，所以点G分别将三条中线内分为2 : 1的两条线段。 ■

证明结束后，我们来重新给重心下一个定义：

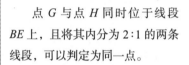

定义 重心

三角形三条中线的交点叫作重心。

把三角形分成6等份！

重心常用G来表示，因为它的英语是 center of gravity，

所以取了 gravity 的首字母 G。

三角形的三条中线将三角形
分成了 6 个小的三角形。

一般情况下，这 6 个三角形
是不全等的（右图中的几个三角
形更是一看就不可能全等），但
面积都相等。面积比的题目中经
常会涉及这个规律，大家要记牢哦。

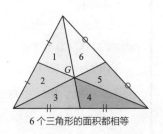

6 个三角形的面积都相等

6 个三角形虽然不全等，
但面积相等！

如果是正三角形的话，每条边对应的角平分线、垂直平
分线、高线和中线都重合。因此，它的内心、外心、垂心、
重心四心合一，称为正三角形的中心。其他的心我们会在后
面讲到。

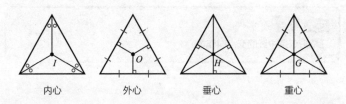

内心　　　　　外心　　　　　垂心　　　　　重心

塞瓦定理　看似复杂却很实用的定理

关键词！……塞瓦定理

热身准备！

本节将学习一个极为著名的定理，为了更好地证明这个定理，我们需要先做一下热身准备。

假设有两个三角形底边相等，那么它们的面积比等于高的比。

右上图中，$S_{\triangle ABC} : S_{\triangle DEF} = h : h'$。

如果 $BC=EF$ 的话？

是这么回事！

由此我们可以推出以下定理：

定理 51 同底三角形的面积比

若△ ABC 和△ $A'BC$ 底边均为 BC，且直线 BC、AA' 交于点 P，则 $S_{\triangle ABC} : S_{\triangle A'BC} = PA : PA'$。

不管顶点 A、A' 位于底边 BC 的同侧还是异侧，定理均成立。

【证明】

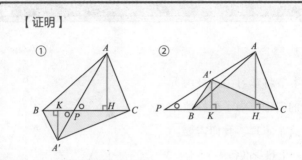

过点 A、A' 分别作直线 BC 的垂线 AH、$A'K$。不论上图中 ①、②哪种情况，均有 $\triangle APH \backsim \triangle A'PK$。

因此 $AH:A'K=PA:PA'$。……①

由于 $\triangle ABC$ 与 $\triangle A'BC$ 底边相同，所以面积比为

$S_{\triangle ABC}:S_{\triangle A'BC}=AH:A'K$，……②

由①、②式可知 $S_{\triangle ABC}:S_{\triangle A'BC}=PA:PA'$。■

证明过程看起来有点复杂。本书的学习到现在已经过半，不免会出现一些较高难度的定理，希望同学们不要气馁，再接再厉哦。

千万不能泄气！

138

🔔 来啦！塞瓦定理！

意大利数学家乔瓦尼·塞瓦（1647—1734）于 1678 年公开发表了以下定理：

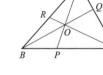

> **定理 52** 塞瓦定理
>
> 在 △ABC 所在平面内任取一点 O（不在三边或其延长线上），延长 AO、BO、CO 分别交对边或对边延长线于点 P、Q、R，则
>
> $$\frac{BP}{PC} \times \frac{CQ}{QA} \times \frac{AR}{RB} = 1$$

这个定理虽然乍一看很吓人，但只要将它转换为三角形的面积比就能很轻松地证明出来了。而且记忆起来也很容易，应用范围很广，是一个很实用的定理。所以请大家不要先入为主地产生抵触情绪哦。

 开始证明!

下面我们进入塞瓦定理的证明。

【证明】

若点 O 位于 $\triangle ABC$ 内部，由定理 51 可知，

$BP : PC = S_{\triangle OAB} : S_{\triangle OAC}$

即

$$\frac{BP}{PC} = \frac{S_{\triangle OAB}}{S_{\triangle OCA}} \quad \cdots\cdots ①$$

同理

$$\frac{CQ}{QA} = \frac{S_{\triangle OBC}}{S_{\triangle OAB}} \quad \cdots\cdots ②$$

$$\frac{AR}{RB} = \frac{S_{\triangle OCA}}{S_{\triangle OBC}} \quad \cdots\cdots ③$$

由①、②、③式可得，

$$\frac{BP}{PC} \times \frac{CQ}{QA} \times \frac{AR}{RB} = \frac{S_{\triangle OAB}}{S_{\triangle OCA}} \times \frac{S_{\triangle OBC}}{S_{\triangle OAB}} \times \frac{S_{\triangle OCA}}{S_{\triangle OBC}}$$

$$= 1$$

当点 O 位于 $\triangle ABC$ 外部时，也可以用相同的方法证明。■

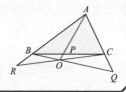

140

塞瓦定理的记忆法！

那要怎么才能记牢塞瓦定理呢？

其实很简单，只要绕着三角形转一圈就可以了。从三个顶点中任选一个作为起点，按照逆时针顺序转一圈，将每一条线段顺次作为分子→分母→分子→分母……，就能得到塞瓦定理的公式了。

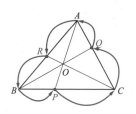

这样是不是就好记多了！

下面就让我们赶快进入塞瓦定理的应用吧。

求右图中 AR 与 RB 的比。

由塞瓦定理可知，

$$\frac{2}{3} \times \frac{5}{6} \times \frac{AR}{RB} = 1$$

$$\frac{AR}{RB} = \frac{9}{5}$$

所以，$AR:RB = 9:5$。

梅涅劳斯闪耀登场！

梅涅劳斯是活跃在公元 100 年左右的古希腊数学家，比上一节中提到的塞瓦还要早大约 1500 年。下面我们就来学习一下他发现的定理。

定理 53 梅涅劳斯定理

如果直线 l 与 △ABC 的三边或其延长线分别交于点 P、Q、R，则

$$\frac{BP}{PC} \times \frac{CQ}{QA} \times \frac{AR}{RB} = 1$$

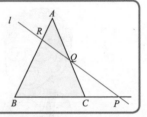

又是一个看起来很复杂的式子呢，不过先别急，这个式子证明起来其实很简单，而且又好记又好用。

直线 l 与三角形三边延长线的交点可能有一个或三个，定理在这两种情况下都成立。

【证明】

过 $\triangle ABC$ 顶点 C 作直线 l 的平行线，与 AB 交于点 D。

此时，有

$BP:PC=BR:RD$，即

$$\frac{BP}{PC}=\frac{BR}{RD} \qquad \cdots\cdots ①$$

另外，由于 $AQ:QC=AR:RD$，

所以

$$\frac{CQ}{QA}=\frac{DR}{RA} \qquad \cdots\cdots ②$$

由①、②式可知

$$\frac{BP}{PC} \times \frac{CQ}{QA} \times \frac{AR}{RB} = \frac{BR}{RD} \times \frac{DR}{RA} \times \frac{AR}{RB} = 1 \quad ■$$

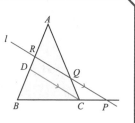

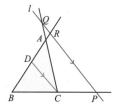

这便是梅涅劳斯之定理了。

好长啊……

梅涅劳斯定理的记忆法！

下面是记忆方法。

143

大家可能也注意到了，塞瓦定理和梅涅劳斯定理的公式几乎一模一样，所以在记忆时也可以采取类似的办法。如右图所示，从 △ABC 任意顶点出发，按照逆时针顺序转一圈，将每一条线段顺次作为分子→分母→分子→分母……，就能得到梅涅劳斯定理的公式了。

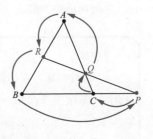

不过要注意一点，过程中方向可能会有变化。

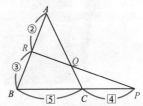

塞瓦定理和梅涅拉斯定理的公式几乎一样！

接下来就让我们试着应用一下梅涅拉斯定理吧。

求右图中 AQ 和 QC 的比。

由梅涅劳斯定理可知，

$$\frac{9}{4} \times \frac{CQ}{QA} \times \frac{2}{3} = 1$$

$$\frac{CQ}{QA} = \frac{2}{3}$$

所以 AQ : QC = 3 : 2。

塞瓦定理和梅涅劳斯定理的逆定理

塞瓦定理和梅涅劳斯定理的逆命题均成立，故可称为逆定理。

塞瓦定理的逆定理常常被用来证明三条直线交于一点（共点），而梅涅劳斯定理的逆定理则经常被用来证明三个点在同一直线上（共线）。

不过由于篇幅有限，所以本书只对定理内容做简单介绍，感兴趣的读者可以自行证明。

定理 54 塞瓦定理的逆定理

点 P、Q、R 分别在 $\triangle ABC$ 三边或其延长线上（三点都在边上或两点在延长线上）。若 BQ 与 CR 相交，且

$$\frac{BP}{PC} \times \frac{CQ}{QA} \times \frac{AR}{RB} = 1$$

成立，则三条直线 AP、BQ、CR 交于一点。

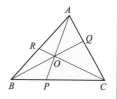

三点都在边上的情形

定理 55 梅涅劳斯定理的逆定理

点 P、Q、R 分别在 $\triangle ABC$ 的三边或其延长线上（有一点或三点在延长线上）。若

$$\frac{BP}{PC} \times \frac{CQ}{QA} \times \frac{AR}{RB} = 1$$

成立，则三点 P、Q、R 在同一直线上。

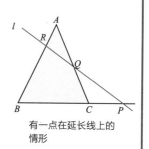

有一点在延长线上的情形

第3章

圆

托勒密（约 90—168）

古希腊数学家、天文学家、占星家、地理学家，著有数学、天文学专著《天文学大成》。

提高篇

圆的基础知识　尽情享受圆和直线的"跨界联名"吧

关键词！……圆、圆周率、弧、弦、圆心角、扇形

❓ 什么是圆？

本节中将会介绍一连串圆的基础知识。

首先从圆的定义开始。

> **定义 圆**
>
> 在一个平面内，到定点（圆心）的距离等于定长（半径）的点的轨迹（集合）叫作圆。

看到这个定义，肯定有很多人觉得摸不着头脑。不过大家只要想想用圆规画圆的过程就明白了，不就和这个定义描述得一模一样吗？

下一项：圆周率！还有圆的周长和面积公式。

> **定义 圆周率**
>
> 圆的周长与直径的比值，约为 3.14159。
>
> 通常用希腊字母 π（派）表示。

※ 补充

π＝3.14159 26535 89793 23846 26433 83279 50288 41971 69399 37510……

> **公式** 圆的周长和面积
>
> 设半径为 r 的圆的周长为 l，面积为 S，则
> $$l=2\pi r$$
> $$S=\pi r^2$$

圆的面积公式是如何得出的呢？请大家参考"基础篇"中的"咯咯哒"法！

> 圆的周长 = 直径 × 圆周率
> 圆的面积 = 半径 × 半径 × 圆周率

？ 弦与弧的产生！

用一条线段将圆分开，就产生了弦和弧。

> **定义** 弦与弧
>
> 连接圆上任意两点的线段叫作弦，圆上任意两点间的部分叫作圆弧，简称弧。

右图中加粗的弧 AB，可以用符号 $\overset{\frown}{AB}$ 表示，读作"弧 AB"。

但同时未加粗部分的弧也用 $\overset{\frown}{AB}$ 表示，为了避免混淆，可以用 $\overset{\frown}{APB}$ 来区分。

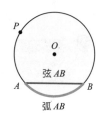

弦 AB

弧 AB

✏️圆心角与弧长

如右图所示，连接圆心 O 与 $\overset{\frown}{AB}$ 两端点，得到 $\angle AOB$。此时，$\angle AOB$ 叫作 $\overset{\frown}{AB}$ 所对的圆心角。

弧长与圆心角之间具有以下关系：

定理 56 圆心角与弧长的关系

1 在同一个圆或半径相同的圆中，圆心角相等，则所对弧长相等。

2 在同一个圆或半径相同的圆中，弧长相等，则所对圆心角相等。

3 在同一个圆或半径相同的圆中，弧长与其所对的圆心角大小成正比。

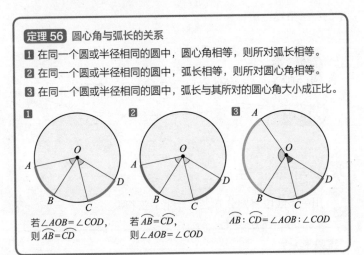

1 若 $\angle AOB = \angle COD$，则 $\overset{\frown}{AB} = \overset{\frown}{CD}$

2 若 $\overset{\frown}{AB} = \overset{\frown}{CD}$，则 $\angle AOB = \angle COD$

3 $\overset{\frown}{AB} : \overset{\frown}{CD} = \angle AOB : \angle COD$

这条定理其实就是把我们在"基础篇"中学过的东西总结了出来。

✏️扇形的产生！

现在我们试着用两条半径将圆分割开，得到的便是扇形了。不过要注意，当圆心角大于 $180°$ 时，扇形看起来可能不太像一把"扇子"，但我们依然要将它称为扇形！

> **定义** 扇形
>
> 由组成圆心角的两条半径和圆心角所对的弧所围成的图形叫作扇形。

扇形的弧长和面积均与圆心角大小成正比,因此我们可以得出以下公式:

> **公式** 扇形的弧长和面积
>
> 在半径为 r、圆心角为 $x°$、弧长为 l、面积为 S 的扇形中,
>
> $$l = 2\pi r \times \frac{x}{360}$$
>
> $$S = \pi r^2 \times \frac{x}{360}$$

如果不知道扇形的圆心角大小,也可以用其他办法求出面积,我将它称为"假三角形公式"!

> **公式** 扇形的面积
>
> 在半径为 r、弧长为 l、面积为 S 的扇形中,
>
> $$S = \frac{1}{2} lr$$

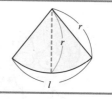

※ 这个公式与三角形面积公式——底 × 高 ÷ 2 非常相似,详细内容请参考"基础篇"。

圆心与弦

如果你发现了一块古老圆镜的碎片，但不知道它的半径……

关键词！ ……弦、弦心距

 圆心与弦

下面是关于弦的几个重要定理。

> **定理 57** 圆心与弦
>
> **1** 垂直于弦的直径平分该弦。
>
> **2** 过圆心和弦的中点的直线垂直于弦。
>
> **3** 圆心位于任意弦的垂直平分线上。

如右图所示，连接圆心 O 与弦 AB 的两端点，会形成一个等腰三角形 OAB。

然后我们就可以尽情应用等腰三角形的性质了。

原来如此！这样就可以尽情应用等腰三角形的性质了！

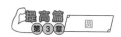

利用前面学习到的"等腰三角形四线合一"（定理13），就能很快证明定理57了。这里以定理57 **1** 为例给大家展示一下证明过程。

※ 以下证明过程也可以用作定理13 **3**→**2** 的证明。

【证明】

从圆心 O 作弦 AB 的垂线，垂足为点 H。在 $\triangle OAH$ 与 $\triangle OBH$ 中，

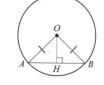

由假设可知 $OA=OB$，……①

$\angle OHA = \angle OHB = 90°$，……②

OH 为公共边，……③

由①、②、③式可知，两直角三角形斜边及一条直角边对应相等，所以 $\triangle OAH \cong \triangle OBH$。

因此 $AH=BH$。■

? 同心圆

下面是一道需要用定理57解答的问题，大家可以当作对自己能力的检验，试着做一下。

【题目】

如右图所示，一大一小两个圆的圆心均为点 O，大圆的弦 AB 与小圆交于点 C、D，试证明 $AC=BD$。

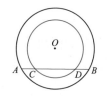

这道题也属于"相等问题"。我们前面说过，初中数学里出现的这类问题一般都要将找到三角形全等作为"中间目

标"，但这道题是个例外。

证明过程将在本节最后展示，大家可以自己先想一下！

找圆心！

我家住在奈良，因为历史比较悠久，所以经常会听到新闻里报道"在△△发现了○○遗迹！"。

假设我们现在考古发现了一块圆镜的碎片，你能求出原始圆镜的半径是多少吗？

要求半径，必须先找到圆心。利用定理 57 **3**——"圆心位于弦的垂直平分线上"，就能找到圆心。

诶？能找到圆心吗？

在碎片上作 AB、BC 两条弦，再分别作两条弦的垂直平分线，它们的交点便是圆心。然后就能求出半径了。

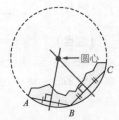

圆心

弧与弦的同台表演

下面给大家介绍的定理将会同时涉及弧和弦。

定理 58 圆心与弦

在同一个圆或半径相同的圆中，长度相等的弧所对应的弦的长度也相等。

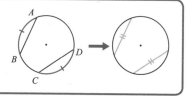

【证明】

如右图所示，在 △OAB 与 △OCD 中，$\overset{\frown}{AB}=\overset{\frown}{CD}$，所以 ∠AOB=∠COD（定理 56 **2**）。

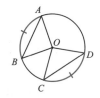

另外，由于圆的半径相等，所以 OA=OC、OB=OD。

综上，两三角形中两组边及其夹角对应相等，所以 △OAB ≅ △OCD。

因此 AB=CD。 ■

※ 定理 58 的逆命题并不成立，因为同一条弦所对的弧有大小两条。

 圆心到弦的距离

与弦相关的定理只剩最后一个了。

加油！

定理 59 圆心到弦的距离

在同一个圆中，圆心到长度相等的弦的距离相等，反之亦然。

【证明】

在圆 O 中，弦 AB、CD 长度相等，从点 O 出发分别作两弦的垂线 OH、OK。

在 $\triangle OHA$ 与 $\triangle OKC$ 中，

由条件可知 $OA=OC$，……①

$\angle OHA = \angle OKC = 90°$，……②

H、K 分别为弦 AB、CD 的中点（定理 57 **1**），且 $AB=CD$，所以 $AH=CK$。……③

由①、②、③式可知，两直角三角形斜边及一条直角边对应相等，因此 $\triangle OHA \cong \triangle OKC$。

所以 $OH=OK$。■

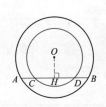

反过来也成立哦！

※ 圆心到弦的垂线长度叫作弦心距。

下面是 P153【题目】的证明过程。

【证明】

过圆心 O 作弦的垂线，垂足为 H。由定理 57 **1**可知

$AH=BH$、$CH=DH$

将两个式子相减，便有 $AC=BD$。

156

三角形的外心

垂直平分线商业街上的面包店到甲、乙两家的距离相等

关键词! ……垂直平分线、外心、外接圆

垂直平分线的性质

这节我们换个话题，先来介绍一下垂直平分线的性质。

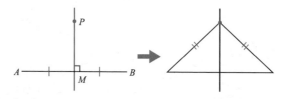

定理60 垂直平分线的性质

线段垂直平分线上任意一点，到线段两端点的距离相等。

【条件】$AM = BM$，$PM \perp AB$

【结论】$PA = PB$

【证明】

连接 PA、PB。

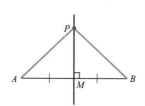

在 $\triangle PAM$ 与 $\triangle PBM$ 中，

由条件可知，

$AM = BM$，　　……①

$\angle PMA = \angle PMB$，……②

PM 为公共边，　……③

由①、②、③式可知，两三角形中两条边及其夹角对应相

等，所以

$\triangle PAM \cong \triangle PBM$。

因此 $PA=PB$。 ∎

很多同学即便能理解这个定理的意思，也很难熟练使用。

这里给大家打个比方：假设甲、乙两家连线的垂直平分线是一条商业街，这条街上的店铺，比如面包店（点 P），到甲、乙两家的距离是相等的。

图形搜查一科

怎么样新来的，弄懂了吗？

面包店在垂直平分线上，那就是说……

 到线段两端点距离相等的点

定理 60 的逆命题也成立。

定理 61 到线段两端点距离相等的点

到线段两端点距离相等的点落在该线段的垂直平分线上。

【条件】 $PA=PB$, $AM=BM$

【结论】 $PM \perp AB$

【证明】

连接点 P 与线段 AB 的中点 M。

在 $\triangle PAM$ 与 $\triangle PBM$ 中，

$PA=PB$,   ……①

$AM=BM$,   ……②

PM 为公共边，   ……③

由①、②、③式可知，两三角形中三边对应相等（SSS），
所以

$\triangle PAM \cong \triangle PBM$。

因此 $\angle PMA = \angle PMB$。

因为点 A、M、B 在同一直线上，所以 $PM \perp AB$。■

※ 根据这一定理，垂直平分线也可以看作是"到线段两端点距离相等的点的
集合"。

 三角形的外心

下面我们试着作出三角形三边的垂直平分线。

大家不要觉得麻烦，一定要自己试着亲手作图。因为接下来发生的事情非常神奇。

定理 62 三角形三边的垂直平分线

三角形三边的垂直平分线交于一点。

【证明】

设 △ABC 中 AB、AC 的垂直平分线交于点 O。由定理 60 可知，OA=OB、OA=OC。

因此，OB=OC。根据定理 61 可以判定点 O 落在 BC 的垂直平分线上。

所以，三角形三边的垂直平分线交于一点。 ∎

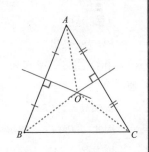

这个证明还告诉我们，OA=OB=OC。因此，如果我们以点 O 为圆心、线段 OA 为半径作一个圆，那么这个圆将同时经过三角形的三个顶点，这个圆被称为三角形的外接圆。

此外，利用后面章节介绍的圆心角定理，我们还能判断出 ∠BOC 是 ∠BAC 的两倍。

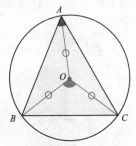

∠BOC=2∠BAC

发现了嫌疑人的马脚。

> **定义** 外接圆与外心
>
> 经过三角形各顶点的圆叫作三角形的外接圆，外接圆的圆心叫作三角形的外心。此时，该三角形叫作圆的内接三角形。

三角形的外心是唯一的。锐角三角形的外心位于三角形内部，钝角三角形的外心位于三角形外部，而直角三角形的外心则刚好是斜边的中点。外心（circumcenter）一般用代表圆心的字母 O 表示。

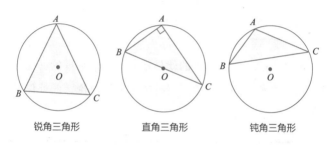

锐角三角形　　　　　　直角三角形　　　　　　钝角三角形

警告嫌疑人，你已经被三角形的外接圆包围了。

这人在说什么？

三角形的垂心

你可能会觉得我大惊小怪，但我还是要说，垂心真的是太美了！

三角形的垂心

三角形还有一个特殊的点，叫作垂心。

定理 63 三角形顶点到对边的垂线

三角形三个顶点到对边或其延长线的垂线交于一点。

定理中的"一点"指的就是垂心。这个定理的证明需要分锐角、直角、钝角三角形三种情况分别讨论，此处仅展示锐角三角形的证明过程。

【证明】

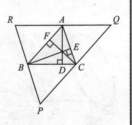

如图所示，过 $\triangle ABC$ 的三个顶点分别作对边的平行线，形成 $\triangle PQR$。

此时，四边形 $RBCA$、$ABCQ$ 均为平行四边形。

因此 $RA = BC = AQ$。

从而可以判断出点 A 为 RQ 的中点。

另外，因为 $RQ \parallel BC$、$AD \perp BC$，所以 $AD \perp RQ$。

因此，AD 为 RQ 的垂直平分线。

同样地，BE、CF 也分别为 RP、PQ 的垂直平分线。

　　AD、BE、CF 分别为 △PQR 三边的垂直平分线，所以交于一点（定理 62）。　■

三角形的三条垂线交于一点哦！

证明已经完成了，下面我们来给垂心下个定义。

定义　垂心

三角形三个顶点到对边或其延长线的垂线的交点叫作垂心。

　　三角形的垂心是唯一的。锐角三角形的垂心在三角形内部，钝角三角形的垂心在三角形外部。

　　那直角三角形呢？它的垂心在哪里呢？请大家务必先自己试着找一找。

垂心在哪里？

锐角三角形　　　　直角三角形　　　　钝角三角形

　　垂心（orthocenter）是三角形三条高（height）的交点，一般用字母 H 表示。

垂足三角形与欧拉线

关于三角形的垂心，有两个非常神奇的概念。

第一个是垂足三角形。从△ABC 的三个顶点出发，分别作对边或其延长线的垂线，垂足为 D、E、F。此时，△DEF 就叫作△ABC 的垂足三角形。

若原三角形为锐角三角形，则其垂心与垂足三角形的内心重合；若原三角形为钝角三角形，则其垂心与垂足三角形的旁心重合（关于内心的介绍参考 P187，关于旁心的介绍参考 P189）。

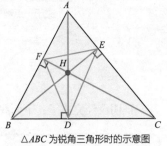

△ABC 为锐角三角形时的示意图

第二个概念是欧拉线。

除了等边三角形以外，其他锐角三角形的重心 G、外心 O、垂心 H 都位于同一直线上，是不是很不可思议？这条直线被称为欧拉线。

不仅如此，其中还存在另一个规律，就是 $OG : GH = 1 : 2$，这便是数学的美妙之处。

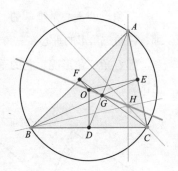

圆周角定理 要记住泰勒斯这个名字哦!

提高篇

关键词! ……圆周角、圆心角、圆周角定理、泰勒斯定理

顶点在圆上的角

在学习本节内容之前,我们首先要介绍一个概念——圆周角。

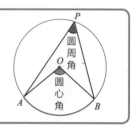

> **定义** 圆周角
> 以圆 O 上一点 P 为顶点作角,与圆交于点 A、B,则 $\angle APB$ 称为 $\overset{\frown}{AB}$ 对应的圆周角,$\overset{\frown}{AB}$ 称为 $\angle APB$ 对应的弧。

因为顶点在圆周上,所以我们就把这种角叫作圆周角,是不是很好理解!

与此相似的还有圆心角。顾名思义,它的顶点是圆心。

每个圆只有一个圆心,所以 $\overset{\frown}{AB}$ 对应的圆心角也只有 $\angle AOB$ 一个。而 $\overset{\frown}{AB}$ 对应的圆周角却有无数个(如右图所示)。

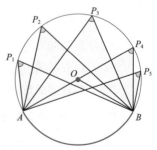

神奇的是,这些圆周角的大小都完全相同:

$$\angle P_1 = \angle P_2 = \angle P_3 = \angle P_4 = \cdots\cdots$$

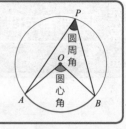

定理 64 圆周角定理

同一条弧所对的圆周角大小相同，且刚好等于这条弧所对的圆心角的一半，即

$$\angle APB = \frac{1}{2} \angle AOB$$

不但大小完全相同，而且还刚好是圆心角的一半。我不太擅长华丽的辞藻，但可以确定的是，圆周角魅力之大着实令我惊叹。

圆周角刚好是圆心角的一半！

圆周角定理的证明

圆周角定理可以分以下 3 种情况考虑：

①圆心 O 在圆周角内部；

②圆心 O 在圆周角的一条边上；

③圆心 O 在圆周角外部。

我们先来证明第 2 种情况。

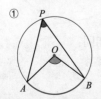
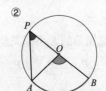
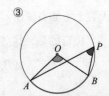

【②的证明】

因为△OPA 为等腰三角形，OA＝OP，

所以 ∠OPA＝∠OAP   ……①

由△OPA 的内外角关系可知

∠AOB＝∠OPA＋∠OAP   ……②

由①、②式可知 ∠AOB＝2∠OPA。

因此 ∠APB＝$\frac{1}{2}$∠AOB。   ■

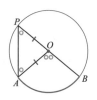

下面对第 1 种情况，即圆心 O 在圆周角内部的情况进行证明。其实只要作一条直径 POQ，再结合第 2 种情况的结论就能轻松搞定了。

第 3 种情况的证明也是如此。

【①的证明】

过点 P 作圆的直径 POQ。

由第 2 种情况的结论可知

∠AOQ＝2∠APQ，……①

∠BOQ＝2∠BPQ，……②

由①、②式可知

∠AOB＝∠AOQ＋∠BOQ

　　　＝2（∠APQ＋∠BPQ）

　　　＝2∠APB

因此 ∠APB＝$\frac{1}{2}$∠AOB。   ■

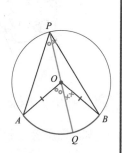

【③的证明】

过点 P 作圆的直径 POQ。

由第 2 种情况的结论可知

$\angle AOQ = 2\angle APQ$，……①

$\angle BOQ = 2\angle BPQ$，……②

由①、②式可知

$\angle AOB = \angle BOQ - \angle AOQ$

$= 2(\angle BPQ - \angle APQ)$

$= 2\angle APB$

因此 $\angle APB = \dfrac{1}{2}\angle AOB$。 ∎

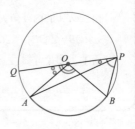

第 1 种情况也可以用"狐狸定理"来证明！

❓ 泰勒斯的伟大之处

如右图所示，圆周角也可能是大于 180° 的角。

当圆心角为 180° 时，$\overset{\frown}{AB}$ 刚好构成一个半圆（弦 AB 为圆的直径），因而存在一个特殊的定理。

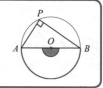

定理 65 半圆、直径与圆周角

1 半圆（或直径）所对的圆周角是直角。

2 90° 的圆周角所对的弦是直径。

定理 65 **1** 以古希腊哲学家泰勒斯（约公元前 624—前 547）的名字命名，被称为泰勒斯定理。

泰勒斯

当时，许多古希腊人认为自然界中发生的一切都是由"神"来决定的。泰勒斯就是在这一背景下确立了"证明"的方法，即"逻辑清晰地对某一事物进行说明，并让所有人认可其正确性"。

此外，泰勒斯还留下了许多不朽的功绩，他曾利用相似三角形的原理来确定埃及金字塔的高度，还预测过日食，被后人称为"科学和哲学之祖"。

所以我现在饱受证明问题的折磨，就是因为泰勒斯提出了证明的方法？

除了上述定理外，泰勒斯还证明过"等腰三角形两底角相等""对顶角相等""若两个三角形两边及其夹角对应相等，则两三角形全等"等定理。

圆周角定理的逆定理

判断四个点是否在同一个圆上的方法

关键词！……圆周角定理的逆定理、四点共圆

顶点在圆周上的角

我们在用圆规画圆时，常常会发现，画好之后却找不到圆心，这个时候一定要试试下面这种方法！

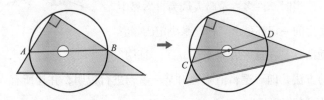

首先，将三角尺的直角顶点放在圆周上，然后分别找到两条直角边与圆周的交点并将它们连接起来（即左上图中的弦 *AB*）。根据定理 65 **2**，弦 *AB* 就是这个圆的直径。

接下来，改变三角尺直角顶点的位置，重复第一步，找到另一条直径 *CD*（如右上图所示）。直径 *AB* 与 *CD* 的交点就是圆心。

这倒是个好办法……

圆周角与其对应弧的长度之间存在以下关系。

定理 66 圆周角与弧

在圆中，

1️⃣ 两圆周角相等，则其所对的弧也相等。

2️⃣ 等弧所对的圆周角相等。

圆中的平行线

下面就让我们进入 1️⃣ 的证明。

【条件】 $\angle APB = \angle CQD$

【结论】 $\overset{\frown}{AB} = \overset{\frown}{CD}$

【证明】

由圆周角定理可知

$\angle AOB = 2\angle APB$，

$\angle COD = 2\angle CQD$，

又 $\angle APB = \angle CQD$，

所以 $\angle AOB = \angle COD$。

由于圆心角相等时，其所对的弧也相等，所以

$\overset{\frown}{AB} = \overset{\frown}{CD}$。 ■

2️⃣ 是 1️⃣ 的逆定理。若两弧长度相等，则它们对应的圆心角也相等。又因为圆周角等于圆心角的一半，所以圆周角也相等。这样便能成功证明 2️⃣ 了。

原来如此！

另外，通过定理 66 **1** 还能推导出以下结论。

定理 67 圆与平行线

在圆中，两平行线所夹的弧等长。

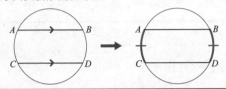

我们在图中作线段 AD。由两平行线
间内错角相等可知 $\angle A = \angle D$，即 $\overset{\frown}{BD}$ 与 $\overset{\frown}{AC}$
所对的圆周角相等，因此 $\overset{\frown}{BD} = \overset{\frown}{AC}$。

圆周角定理的逆定理

右图中，$\angle P$ 为 $\overset{\frown}{AB}$ 所对的圆周角。从这
幅图来看，你觉得 $\angle P$ 和 $\angle Q$ 哪个更大呢？

是不是 $\angle P$ 看起来更大一些？

那 $\angle R$ 呢？看起来是不是又要比 $\angle P$ 更
大一些？

从这三个角的大小关系，我们可以推测出以下定理。

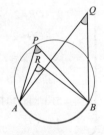

定理 68 圆周角定理的逆定理

点 P、Q 位于直线 AB 同侧，
若 $\angle APB = \angle AQB$，则点 A、B、P、Q 四点落在
同一圆上。

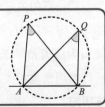

【证明】

设点 Q 落在圆 ABP 外。QA 与圆交于点 R，则

$\angle AQB + \angle QBR = \angle ARB = \angle APB$。

因此

$\angle AQB < \angle APB$ ……①

同理，若点 Q 落在圆内，则

$\angle AQB > \angle APB$ ……②

①、②式均不符合 $\angle APB = \angle AQB$

这一条件，因此点 Q 一定落在圆上。∎

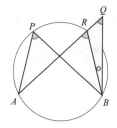

利用这个定理，我们就能判断出四个点是否在同一个圆上了！

要想直接证明这个定理非常复杂，所以上述证明过程中我们用到了反证法。

这个定理可是具有重大意义的。之前学习三角形外接圆时，我们提到了如何过三点作圆。而这个定理则可以帮助我们判断四个点是否在同一个圆上。

比如在右图中，因为 $\angle BAC = \angle BDC$，所以点 A、B、C、D 四点落在同一圆上（四点共圆）。

同时我们还可以求出 $\angle x = 48°$。

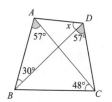

圆的切线 你能用筷子夹起黄豆吗？

关键词！……公共、相切、切线、切点

圆的切线

圆的切线在"基础篇"中就出现过，我们先来简单复习一下。首先是定义。

定义 圆与切线

当一条直线与圆只有一个公共交点时，称这条直线与圆相切，这条直线叫作圆的切线，它们的交点叫作切点。

切点

切线

关于圆的切线，我们首先要了解的就是下面这个定理。虽然内容不多，但证明起来却颇费功夫，需要用到反证法。

定理虽简单，
证明却不易。

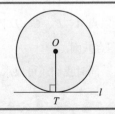

定理 69 圆与切线

圆的切线垂直于经过切点的半径。

$OT \perp l$

【证明】

由已知条件可知，圆 O 与直线 l 交于点 T。

假设 OT 与直线 l 不垂直，则可以过点 O 作直线 l 的垂线，设垂足为 H。

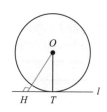

作点 T 关于 OH 的对称点 A，则有 $OT = OA$。此时圆 O 与直线 l 有点 T、A 两个交点，与已知条件不符，故假设不成立。

因此　$OT \perp l$。■

切点通常用 T 来表示，英语是 point of tangency。

过圆外一点作切线

过圆上一点只能作圆的一条切线，而过圆外一点则能作出圆的两条切线，这时圆外点与切点之间的距离叫作这点到圆的切线长（即右图中线段 PA、PB 的长度）。

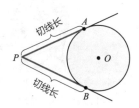

切线长符合以下定理。

【证明】

过圆外一点 P 作圆的两条

切线，切点分别为点 A、B。

在 $\triangle APO$ 与 $\triangle BPO$ 中，

PO 为公共边，

$OA=OB$（圆的半径），

因为 PA、PB 为圆的切线，

所以 $\angle OAP = \angle OBP = 90°$（定理 69）。

两直角三角形斜边与一组直角边对应相等，所以

$\triangle APO \cong \triangle BPO$。

因此 $PA=PB$。 ■

可以将上图想象成是用筷子去夹圆滚滚的黄豆，我们刚刚证明的就是在这种情况下有 $PA=PB$。看到这里，肯定会有

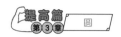
人嚷嚷"这不是肯定的嘛",但就是这种完全融入我们生活中的普遍常识,才更需要严谨的证明。

圆的外接四边形

下面我们来探讨一下圆的外接四边形。

【题目】

如右图所示,四边形 ABCD 各边分别与圆 O 相切于点 E、F、G、H。试证明:

AB+CD=BC+DA。

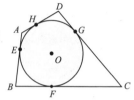

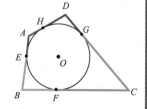

【证明】

因为切线长相等,所以

AE=AH、BE=BF、

CF=CG、DG=DH。

因此

$AB+CD=(AE+BE)+(CG+DG)$

$=AH+BF+CF+DH$

$=(BF+CF)+(DH+AH)$

$=BC+DA$ ■

圆内接四边形

所有的三角形都有外接圆,但四边形却并非如此。我们很自然地就能想到以下几种情况。

我们先将目光集中于能内接于圆的四边形上,当它们与圆内接时,具有什么样的性质呢?

定理 71 圆内接四边形

四边形与圆内接时,符合以下规律:

1 四边形的对角和为 180°。

2 四边形的外角与其相邻内角的对角相等。

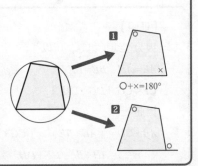

【证明】

右图中，设 $\angle BAD=x$，$\angle BCD=y$。

由圆心角与圆周角的关系可知

$2x+2y=360°$，

因此 $x+y=180°$。……①

这样我们便成功证明了圆内接四边形对角和为 $180°$。

另外，由于 $\angle DCE=180°-y$，结合①式可知 $\angle DCE=x$。

因此，圆内接四边形的外角与其相邻内角的对角相等。∎

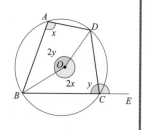

这个定理非常实用。比如在右图中，我们很快就能利用这一定理求出 $\angle x=110°$，$\angle y=100°$。

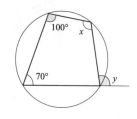

圆内接四边形的判定

有些四边形能内接于圆，有一些四边形却不能。那这些内接于圆的四边形都满足哪些条件呢？

满足哪些条件呢？

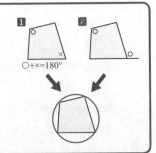

定理 72 圆内接四边形的判定

当四边形满足以下任一条件时，可以
判定其内接于一个圆：

1 其中一组对角和为 180°。

2 其中一个外角与其相邻内角的对
角相等。

定理 72 其实是定理 71 的逆定理，由于满足条件**1**的四
边形也都满足条件**2**，所以我们只对条件**1**进行证明。

利用这个定理，我们就
能判定一个四边形是否
内接于圆了！

定理 72 **1** 的条件和结论可以表示为下图：

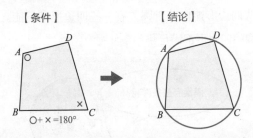

【条件】　　　　　　　　　　　　【结论】

问题来了，我们该从哪里入手呢？不如先来仔细观察一
下最后要得出的结论吧。

"四边形内接于圆"，换言之就是"四边形的四个顶点均

在同一个圆上"。

　　要想找到一个圆，同时通过其中的三个顶点是非常容易的，所以我们的问题就变成了如何证明第四个点也在这个圆上。

　　这个时候就要用到定理 68 "圆周角定理的逆定理"了。

　　【条件】在四边形 ABCD 中，

　　∠A+∠C=180°　……①

　　【结论】四边形 ABCD 内接于一个圆。

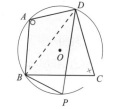

　　【证明】

　　如右图所示，先作△ABD 的外接圆 O，在 $\overset{\frown}{BD}$ 上取一点 P，与点 A 不重合。

　　由于四边形 ABPD 内接于圆 O，因此

　　∠A+∠P=180°　……②

　　由①、②式可知　∠C=∠P。

　　又由圆周角定理的逆定理可知，点 B、P、C、D 四点共圆。

　　由于圆 O 为△BPD 的外接圆，所以点 C 一定也在圆 O 上。

　　因此四边形 ABCD 内接于圆 O。　■

由定理 72 可知，所有的正方形、长方形、等腰梯形都内接于圆。

 婆罗摩笈多定理

这一节要给大家介绍一个精妙而神奇的定理——婆罗摩笈多定理。

定理 73 婆罗摩笈多定理

若圆内接四边形的对角线相互垂直，此时过对角线的交点作一边的垂线，这一垂线将通过对边的中点。

我们用一张图来解释一下这个定理。

如右图所示，圆内接四边形 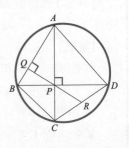 *ABCD* 的对角线相互垂直，过对角线交点 *P* 作 *AB* 的垂线，垂足为 *Q*。

此时，直线 *PQ* 与 *AB* 的对边 *CD* 会产生一个交点，设交点为 *R*，则点 *R* 刚好是 *CD* 的中点。是不是很神奇！

顺便介绍一下婆罗摩笈多（约 598—668），他是著名的印度数学家。

既是一边的垂线，同时又是对边的中线，太神奇啦！

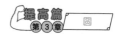

【证明】

因为∠CDB 与∠CAB 均为 $\overset{\frown}{BC}$ 所对的圆周角，所以

$$\angle RDP = \angle CDB = \angle CAB = \angle PAQ。$$

......①

在 $Rt\triangle QPA$ 中∠PAQ=90° −∠QPA，

另外　∠BPQ=∠BPA−∠QPA=90° −∠QPA，

因此　∠PAQ=∠BPQ。

由①式可知　∠RDP=∠BPQ=∠RPD（对顶角），

所以　RD=RP。

同理可得　RC=RP，因此点 R 为 CD 的中点。∎

※ 这一定理的逆命题也成立，即：若圆内接四边形的对角线相互垂直，此时连接对角线交点及四边形一边的中点，所得直线垂直于这条边的对边。

西姆松定理

接下来要出场的西姆松定理也同样精妙绝伦。圆内接四边形也会在这一定理的证明过程中出现。

有意思的是，西姆松定理的发现者其实是苏格兰数学家威廉·华莱士（1768—1843），所以本来应该命名为"华莱士定理"的，但机缘巧合，最后是以罗伯特·西姆松（1687—1768）的名字命名的。

定理74　西姆松定理
过△ABC 外接圆上一点 P 作边 BC、CA、AB 或其延长线的垂线，垂足分别为 D、E、F，则 D、E、F 三点共线。

【证明】

设点 P 为 $\overset{\frown}{BC}$ 上一点。

四边形 $ABPC$ 内接于圆，所以

$\angle PCE = \angle PBF$。……①

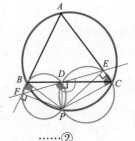

因为 $\angle PFB = \angle PDB = 90°$，所以四边形 $BFPD$ 内接于另一个圆。

这个圆中的 $\overset{\frown}{PF}$ 所对的两个圆周角相等，即 $\angle PDF = \angle PBF$。

……②

由①、②式可知 $\angle PCE = \angle PDF$。……③

由于 $\angle PEC = \angle PDC = 90°$，因此四边形 $CEDP$ 也内接于一个圆。

因此 $\angle PDE + \angle PCE = 180°$。……④

由③、④式可知 $\angle PDE + \angle PDF = 180°$，

即 $\angle FDE = 180°$。 ■

因此点 D、E、F 三点共线。

※ 点 D、E、F 所在的直线叫作西姆松线。

※ 这一定理只要证明点 P 在 $\overset{\frown}{BC}$ 上这一种情况便足够了。

要把定理和直线的名字都好好记牢哦！

提高篇

三角形的内心

从你们家出发，到两条国道的距离相等！

关键词！ ……角平分线、内心、内切圆

 角平分线的性质

这一节我们将对角平分线的性质进行完整的证明，并在今后作为定理使用。

定理 75 角平分线的性质

角平分线上的点到角两边的距离相等。

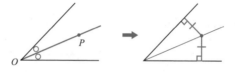

【证明】

设点 P 为 $\angle XOY$ 平分线上一点，从点 P 出发分别作两边的垂线，垂足为 A、B。

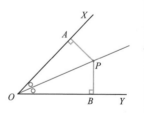

在 $\triangle AOP$ 与 $\triangle BOP$ 中，

OP 为公共边，

$\angle AOP = \angle BOP$，

$\angle PAO = \angle PBO = 90°$，

两直角三角形中斜边及一个锐角对应相等，因此

$\triangle AOP \cong \triangle BOP$。

因此 $PA = PB$。 ■

其逆命题也同样成立。

定理 76 到角两边距离相等的点

到角两边距离相等的点，一定落在这个角的角平分线上。

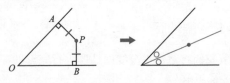

【证明】

作射线 OP。

在 △AOP 与 △BOP 中，

OP 为公共边，

AP=BP，

∠PAO=∠PBO=90°，

两直角三角形中斜边及一条直角边对应相等，因此

△AOP ≅ △BOP。

因此 ∠AOP=∠BOP。 ∎

※ 根据这一定理，我们可以将角平分线理解成是"到角两边距离相等的点的
集合"。

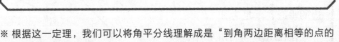

图形搜查一科

怎么样新来的，
看懂了吗？

嫌疑人的"老巢"到两条
国道 OA、OB 的距离相
等，也就是说……

三角形的内心

下面我们就试着作出三角形每个内角的角平分线。

定理 77 三角形内角平分线

三角形三个内角的角平分线交于一点。

【证明】

如图，在 △ABC 中，设 ∠B、∠C 的平分线交于点 I。从点 I 出发分别作三边的垂线，垂足分别为 D、E、F，根据定理 75 可知

$ID = IF$、$ID = IE$，

所以 $IF = IE$。由定理 76 可以推出，点 I 落在 ∠A 的角平分线上。因此，三角形三个内角的角平分线交于一点。■

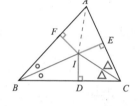

从以上证明过程我们还能得到一个结论：$ID = IE = IF$。

同时，由于 $ID \perp BC$、$IE \perp CA$、$IF \perp AB$，所以我们能以点 I 为圆心，画出一个同时与三角形三边相切的圆。

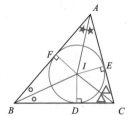

定义 内切圆与内心

与三角形各边都相切的圆叫作三角形的内切圆，其圆心叫作三角形的内心。

这样我们就找到嫌疑人的"老巢"了！

每个三角形有且只有一个内心（inner center），一般用 *I* 来表示。

另外，内切圆是三角形内部面积最大的圆。

关于内心的小知识

下面让我们将目光转向 $\angle BIC$ 的大小上。

由定理 8（P255 狐狸定理）可知，

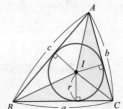

$\angle BIC = 90° + \frac{1}{2}\angle BAC$

$$\angle BIC = \bigcirc + \bigstar + \bigstar + \triangle$$

$\bigcirc + \bigstar + \triangle$ 相当于三角形内角和的一半，也就是 90°。

因此，$\angle BIC = 90° + \bigstar = 90° + \frac{1}{2}\angle BAC$。

三边分别为 *a*、*b*、*c*，面积为 *S*，内切圆半径为 *r* 的 △*ABC* 满足以下等式：

$$S = \frac{1}{2}ar + \frac{1}{2}br + \frac{1}{2}cr$$
$$= \frac{1}{2}(a+b+c)r$$

三角形的旁心

到这里，我们就集齐三角形的五心啦！

关键词！……旁心、旁切圆、三角形的五心

三角形的旁心

下面进入"旁心"的介绍。

> **定理 78** 三角形内角与外角的角平分线
> 三角形一个内角的角平分线，与其他两个角的外角平分线交于一点。

【证明】

设 $\angle B$ 的外角平分线与 $\angle C$ 的外角平分线交于点 P。

过点 P 作 BC、AB 延长线、AC 延长线的垂线，垂足分别为点 D、F、E，由定理 75 可知

$PD=PE$、$PD=PF$。

因此 $PE=PF$。

由定理 76 可知，点 P 落在 $\angle A$ 的平分线上。

因此，三角形一个内角的角平分线，与其他两个角的外角平分线交于一点。

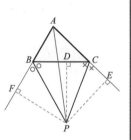

> **定义** 三角形的旁心
> 与三角形一边及其他两边的延长线相切的圆叫作三角形的旁切圆，其圆心叫作三角形的旁心。

每个三角形存在三个旁心。设 $\triangle ABC$ 的内心为 I，三个旁心分别为 P、Q、R，则 $\triangle ABC$ 是 $\triangle PQR$ 的垂足三角形，点 I 为 $\triangle PQR$ 的垂心。

数学中这种神奇的几何关系真是令人心驰神往。

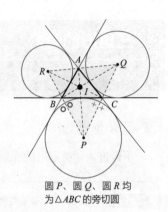

圆 P、圆 Q、圆 R 均为 $\triangle ABC$ 的旁切圆

 ## 不只"五心"

目前我们已经学习了三角形的重心、外心、垂心、内心和旁心，它们一起组成了三角形的五心。

不过在三角形中，特殊的点可远不只这五种，真要算起来的话，那可是数也数不清。

下一节中，我们将会补充介绍三角形的其他四心。

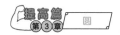

 ## 热尔岗点与费马点

下面我们就来介绍一下三角形中除了五心之外的几个特殊点，先从比较简单的开始。

若 $\triangle ABC$ 的内切圆分别与 BC、CA、AB 切于点 D、E、F，则 AD、BE、CF 交于一点 G。这个点叫作热尔岗点。

大家有机会作三角形内切圆的话，一定要亲自确认一下 AD、BE、CF 是否真的交于一点，结果一定非常震撼，甚至会让你热泪盈眶。

热尔岗点

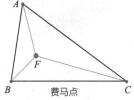

是非常震撼的哦！

第二个要介绍的是费马点。在 $\triangle ABC$ 内部存在一点 F，到三个顶点的距离之和 $FA+FB+FC$ 最小，这个点就是费马点。

费马点

假设有三个人分别住在 △ABC 的三个顶点处，我们现在要用有线电话将三人的住所连接起来，怎样能使电话线最短呢？在解决这类型问题时，费马点具有十分重要的意义。

当三角形所有内角均小于 120° 时，使得 ∠AFB、∠BFC、∠CFA 同时等于 120° 的点就是费马点；此时费马点与三角形的正等角中心⊖重合。一旦三角形中有一个角大于或等于 120°，费马点就会与这个角的顶点重合。

❓ 在我的字典里没有"不可能"！

三角形还有一个特殊点，是以法国皇帝的名字命名的，叫作拿破仑点。

以 △ABC 的三条边为边长，向外构造三个正三角形，其重心分别为 G_1、G_2、G_3，以这三个点为顶点的三角形为等边三角形（拿破仑定理）。

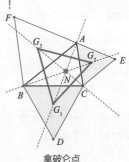
拿破仑点

同时，AG_1、BG_2、CG_3 交于一点（图中点 N）。这个点叫作 △ABC 的拿破仑点⊖。

在我的字典里没有"不可能"！

值得一提的是，三角形的费马点、拿破仑点和外心三点共线。

⊖ 分别以 △ABC 的三边为边长，向外作正三角形 BCA'、CAB'、ABC'，则 AA'、BB'、CC' 交于一点，即为 △ABC 的正等角中心。——编者注

⊖ 一般指第一拿破仑点，若向内构造正三角形则为第二拿破仑点。——编者注

同时通过九个点的圆

接下来给大家介绍一个更厉害的东西。

在 $\triangle ABC$ 中，有一个圆，同时通过以下九个点，它就是九点圆（图中红色圆）。

- 三条边的中点
- 三条高的垂足
- 顶点到垂心的三条线段的中点

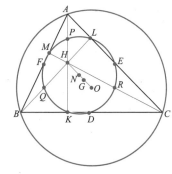

光是这样就已经够让人惊奇了，但九点圆的厉害之处却远不只如此。它的圆心 N 精准地落在欧拉线上，而且还刚好是三角形垂心 H 与外心 O 的中点。

九点圆还同时与三角形的内切圆和旁切圆相切（费尔巴哈定理），且半径刚好是三角形外接圆的一半。

此外，三角形垂心 H 与外接圆上任意一点连线的中点都落在九点圆上。到这一步，它带给我们的感受早已超越了单纯的惊叹，而是达到了令人敬畏的高度。

大家有时间的话，也可以试着自己去找找看三角形中还有没有其他的特殊点。

这已经不是用惊叹能表达的了！

弦切角定理

有切线、有弦、有角，所以就叫弦切角，这个命名方式是不是很简单？

探索极端情况

在几何学习中，不断探索极端情况下的图形特点，往往能有新的发现。

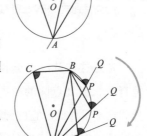

如右图所示，四边形 $APBC$ 内接于圆，此时有 $\angle C = \angle BPQ$（定理 71 **2**）。

我们让点 P 沿弧慢慢靠近点 A。此时四边形 $APBC$ 依然内接于圆，因此 $\angle C = \angle BPQ$ 依然成立。

最后，点 P 终于和点 A 完全重合，这时会出现什么结果呢？直线 AQ 将与圆 O 在点 A 处的切线 AT 完全重合。

从这一过程我们可以推测出定理 79——弦切角定理。弦切角是圆的切线与过切点的弦所形成的角。

我明白了，就是要多去思考"极端情况"！

定理 79 弦切角定理

弦切角等于它所夹的弧所对的圆周角。

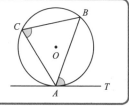

也就是说，上图中的
$\angle BAT = \angle ACB$！

🔖 弦切角定理的证明

如下图所示，这个定理可以根据$\angle BAT$的大小（锐角、直角、钝角）分三种情况证明。

当$\angle BAT$为直角（图②）时，证明过程非常简单。由于$\angle C$为半圆所对的圆周角，所以一定也是直角（定理 65 **1**泰勒斯定理）。

下面给出$\angle BAT$为锐角（图①）及钝角（图③）时的证明过程。

【∠*BAT* 为锐角时的证明】

如右图所示，作直径 *AD*。

因为 *DA* ⊥ *AT*，所以

∠*BAT*+∠*DAB*=90°　……①

因为半圆所对的圆周角为 90°，所以

∠*BCA*+∠*DCB*=90°　……②

因为∠*DAB* 与∠*DCB* 同为 $\overset{\frown}{DB}$ 所对的圆周角，所以

∠*DAB*=∠*DCB*　　　……③

由①、②、③式可得　∠*BAT*=∠*BCA*。　■

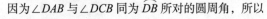

【∠*BAT* 为钝角时的证明】

如右图所示，作直径 *AD*。

因为 *DA* ⊥ *AT*，所以

∠*BAT*=∠*DAB*+90°　……①

因为半圆所对的圆周角为 90°，所以

∠*DCA*=90°。

因此　∠*BCA*=∠*DCB*+90°　……②

因为∠*DAB* 与∠*DCB* 同为 $\overset{\frown}{DB}$ 所对的圆周角，所以

∠*DAB*=∠*DCB*　……③

由①、②、③式可得　∠*BAT*=∠*BCA*。　■

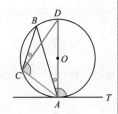

以上两个证明第二行均为 *DA* ⊥ *AT*，这一结论是利用了定理 69 "圆的切线垂直于经过切点的半径"。

弦切角定理的应用

下面来做一道弦切角定理的应用题吧！

【题目】

右图中 PA 与 PC 是圆的两条切线，求 $\angle x$ 的大小。

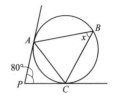

由于切线长相等，所以 $\triangle PAC$ 为等腰三角形，$PA = PC$。

因此 $\angle PAC = \angle PCA = 50°$ ……①

又由弦切角定理可知 $\angle PCA = \angle x$ ……②

由①、②式可得 $\angle x = 50°$　　　　　答：$50°$

弦切角定理的逆命题也成立。

定理 80 弦切角定理的逆定理

如果圆内的弦与过这条弦一端的直线所形成的夹角等于它所夹的弧所对的圆周角，那么这条直线是圆的切线。

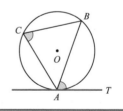

※ 也就是说，若上图中 $\angle BAT = \angle ACB$，则直线 AT 为圆 O 的切线。

圆幂定理 只要在圆内画一个十字!

提高篇

关键词! ……圆幂、圆幂定理、四点共圆

什么是圆幂?

下面让我们将目光转向圆内接四边形的对角线,其中也有一个神奇的规律。

如右图所示,圆内接四边形的对角线交于点 P。

在 $\triangle PCA$ 与 $\triangle PBD$ 中,

由圆周角定理可知,

$\angle PCA = \angle PBD$,

$\angle PAC = \angle PDB$,

两三角形中两角对应相等,所以

$\triangle PCA \backsim \triangle PBD$,

因此 $PA:PD = PC:PB$,

即 $PA \cdot PB = PC \cdot PD$ ……①

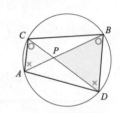

①式中并未出现原内接四边形的任何一条边,所以我们可以将其简单地总结为如下定理。

定理 81 圆幂定理①

过点 P 的两条直线分别与圆 O 交于点 A、B 和点 C、D,此时以下等式成立:

$$PA \cdot PB = PC \cdot PD$$

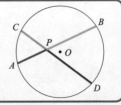

关于这个定理的证明已经结束了，是不是简单得不可思议？

只要在圆里随意地画出一个十字，就有 $PA \cdot PB = PC \cdot PD$! 沿着两条弦分别依次相乘，得到的结果就会相等。

例如右图中就有

$8x = 6 \times 4$

$x = 3$

这样就能很快求出 PB 的长度了。

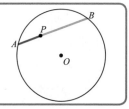

这也太厉害了！

这个定理叫作圆幂定理。

不过定理中并没有出现"圆幂"这个词，所以我们来给"圆幂"下一个定义。

定义 圆幂

过点 P 的直线与圆 O 交于 A、B 两点，此时 $PA \cdot PB$ 就叫作点 P 对圆 O 的圆幂。

利用圆幂的定义，我们可以将前文中的定理 81 简写为以下形式：

> **定理 81** 圆幂定理①
>
> 点 P 对圆 O 的圆幂为定值。

点 P 在圆外也 OK！

圆幂定理也适用于点 P 在圆外的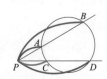
情况。此时，$PA \cdot PB = PC \cdot PD$ 同样成立。

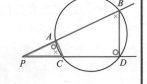

> 【证明】
> 在 $\triangle PCA$ 与 $\triangle PBD$ 中，
> 由于四边形 $ACDB$ 内接于圆，
> 所以 $\angle PAC = \angle PDB$，
> $\angle PCA = \angle PBD$。
> 两三角形中两角对应相等，所以
> $\triangle PCA \backsim \triangle PBD$。
> 因此 $PA : PD = PC : PB$，
> 即 $PA \cdot PB = PC \cdot PD$。 ∎

打铁要趁热，试求右下图中 x 的值。

由圆幂定理可知，$PA \cdot PB = PC \cdot PD$，所以

$$x\,(x+8) = 6 \times 8$$

$$x^2 + 8x - 48 = 0$$

$$(x+12)(x-4) = 0$$

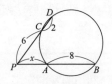

由于 $x > 0$，所以 $x = 4$。

❓其中一条线可以是切线！

圆幂定理是一个非常灵活的定理。刚刚我们已经证明了，当点 P 在圆外时，圆幂定理依然成立。接下来我们要证明，当过圆外一点 P 的直线之一为圆的切线时，圆幂定理也成立。

参考定理 81 的示意图，只要图中点 C 与点 D 重合便能表示这种情况了！

定理82 圆幂定理②

过圆外一点 P 作圆的切线，切点为 T。另一条过点 P 的直线与圆交于 A、B 两点，此时以下等式成立：

$$PA \cdot PB = PT^2$$

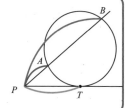

【证明】

在 △PTA 与 △PBT 中，

∠PTA = ∠PBT（弦切角定理），

∠P 为公共角，

两三角形中两角对应相等，所以

△$PTA \backsim$ △PBT。

因此 $PT:PB = PA:PT$，

即 $PA \cdot PB = PT^2$， ∎

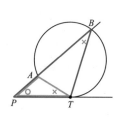

利用这一定理，试求右图中 x 的值。

由圆幂定理可知，$PA \cdot PB = PT^2$，

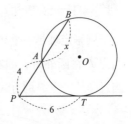

所以

$$4（4+x）=6^2$$
$$16+4x=36$$
$$4x=20$$
$$x=5$$

圆幂定理的逆定理

前面我们已经对圆幂定理分三种情况进行了分析证明，具体可以总结为下图[一]：

 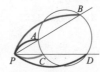

$PA \cdot PB=PC \cdot PD$ $PA \cdot PB=PC \cdot PD$ $PA \cdot PB=PT^2$

圆幂定理的逆命题
也成立哦！

圆幂定理的逆命题也成立，它经常被用来证明四个点落

一 这三种情况又可分别被称为相交弦定理、割线定理和切割线定理。——编者注

在同一个圆上（四点共圆）。

比如在下图中，由于 $PA \cdot PB = PC \cdot PD$，所以点 A、B、C、D 落在同一圆上。

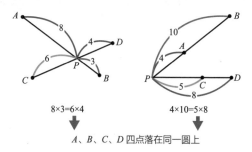

$8 \times 3 = 6 \times 4$　　　　$4 \times 10 = 5 \times 8$

↓　　　　　　↓

A、B、C、D 四点落在同一圆上

由于篇幅有限，这里仅对圆幂定理的逆定理做简单介绍，有兴趣的读者可自行证明。

定理 83 圆幂定理①的逆定理

两线段 AB、CD 或其延长线交于点 P，若 $PA \cdot PB = PC \cdot PD$，则 A、B、C、D 四点共圆。

定理 84 圆幂定理②的逆定理

过圆外一点 P 的直线与该圆交于 A、B 两点，若圆上存在一点 T 使得 $PA \cdot PB = PT^2$，则直线 PT 与该圆相切。

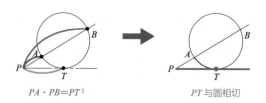

$PA \cdot PB = PT^2$　　　　　PT 与圆相切

两个圆 外离、相切、内含

关键词！……相切、公共点、切点、外切、内切、公切线

🧭 两个圆的位置关系

看到这一节的标题，有没有觉得很紧张？一个圆就够让人受的了，居然还要来第二个？！但别担心，这部分内容其实很简单。

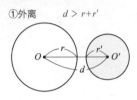

①外离　　　$d > r+r'$

假设有圆 O、圆 O' 两个圆，半径分别为 r 和 $r'(r > r')$，两圆心距离为 d。

关于这两个圆的位置关系，我们首先会想到的就是第①种情况——外离。此时两个圆之间没有公共点，且 $d > r+r'$。

在第②种情况下，两个圆之间存在唯一一个公共点，此时 $d=r+r'$。存在唯一公共点的两个圆，位置关系为相切，这个公共点叫作切点。其中第②种情况叫作外切。

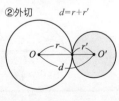

②外切　　　$d=r+r'$

204

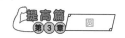
如果我们继续缩小两个圆心之间的距离呢?

③相交

$$r-r' < d < r+r'$$

这样便出现了第③种情况,两圆相交,公共点增加到了两个。注意,两个半径不同的圆之间最多只存在两个公共点。在这种情况下,$r-r'<d<r+r'$。

那要是再缩小一些两个圆心之间的距离呢?

④内切

$$d=r-r'$$

这时就会出现第④种情况,两圆相切于内侧。此时两个圆之间存在唯一的公共点,且 $d=r-r'$。这时它们的位置关系为内切。不论内切还是外切,只要两圆相切,它们的切点就会落在通过两圆心的直线上。

如果两圆半径相等,情况又会如何呢?

当 $r=r'$ 时,$d=r-r'=0$,所以这时两个圆将会完全重合。

最后是第⑤种情况,半径较小的圆位于半径较大的圆的内部。此时两圆没有公共点,且 $d<r-r'$。

⑤内含

$$d < r-r'$$

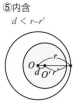

两圆半径相等时,不会出现第⑤种情况。

 同时与两圆相切的独门绝技!

同时与两个圆相切的直线叫作这两个圆的公切线。如果两个圆在公切线的同侧，则这条公切线叫作外公切线；如果两个圆在公切线的异侧，则叫内公切线。

两个圆之间存在 5 种位置关系，在这 5 种情况下，分别存在几条公切线呢?

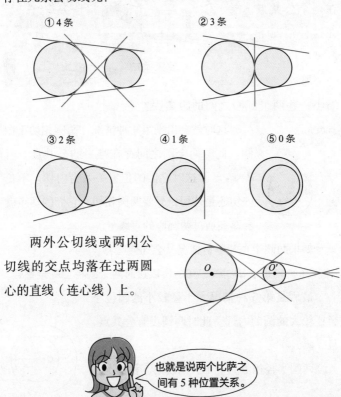

① 4 条　　② 3 条　　③ 2 条　　④ 1 条　　⑤ 0 条

两外公切线或两内公切线的交点均落在过两圆心的直线（连心线）上。

也就是说两个比萨之间有 5 种位置关系。

206

提高篇

托勒密定理 尽情感受数学之美吧!

关键词!⋯⋯⋯鞋匠刀形、托勒密定理

平方根可以作图

请看右图。弦 AB 为圆的直径,弦 CD 垂直于 AB 且交 AB 于点 P。圆关于任意一条直径轴对称,所以 PC 与 PD 长度相等。

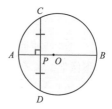

利用圆幂定理可以得出,

$PA \cdot PB = PC \cdot PD$

由于 $PC = PD$,所以

$PA \cdot PB = PC^2$ ⋯⋯①

※ 在 $\triangle ABC$ 中,$\angle ACB = 90°$(泰勒斯定理),由此也可以根据射影定理导出①式。

$$AD^2 = BD \cdot CD$$

也可以用 P101 的"纵、纵、横、横"

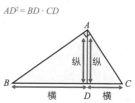

利用上述结论,我们就可以作出 $\sqrt{x}$ 啦!

过直径 AB 的 $1:x$ 内分点 P 作垂线,与半圆交于点 C。此时 PC 长为 $\sqrt{x}$。

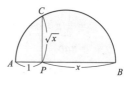

什么是"鞋匠刀形"？

大家听说过"鞋匠刀形"吗？如右图所示，在一个半圆中作相切的两个半圆，这三个半圆周所围成的图形就称为鞋匠刀形。

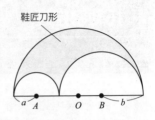

鞋匠刀形

它在希腊语中叫作"arbeloa"，意思是"鞋匠用的刀"。之所以这样命名，大概是因为它的形状与鞋匠们用的刀的形状很像吧。

鞋匠刀形的面积可以直接用 $S_O - S_A - S_B$ 求得。

鞋匠刀形有一个特殊的性质，美得令人惊叹。

它的面积 S_{arb} 可以通过用大半圆的面积 S_O 减去两个小半圆的面积 S_A、S_B 得到。若两个小半圆的半径分别为 a、b，大半圆的半径可以用 $a+b$ 来表示，则鞋匠刀形面积可以表示为：

$$S_{arb} = S_O - S_A - S_B$$
$$= \frac{1}{2}\pi(a+b)^2 - \frac{1}{2}\pi a^2 - \frac{1}{2}\pi b^2$$
$$= \pi ab$$

如此完美的公式，难道不值得更多的掌声吗？

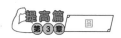

作两个小半圆的内公切线，与大半圆的弧与直径分别交于点 C、D。以线段 CD 为直径作圆，试求这个圆的面积 S_{CD}。

令 $CD=2r$，由 P207 的①式可知，

$(2r)^2=2a \cdot 2b$

$r^2=ab$，

因此 $S_{CD}=\pi r^2=\pi ab$。

居然和鞋匠刀形的面积一样！

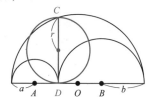

？托勒密定理之美

下面要介绍的这个定理也美得令人赞叹。这个定理的主角是圆内接四边形的四条边及其对角线。

定理 85 托勒密定理

圆的内接四边形两组对边乘积之和等于两条对角线的乘积。

$AB \cdot CD+AD \cdot BC=AC \cdot BD$

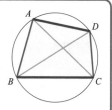

【证明】

在对角线 BD 上取点 E，使得 $\angle BAE = \angle CAD$。

在 $\triangle ABE$ 与 $\triangle ACD$ 中，

$\overset{\frown}{AD}$ 所对的圆周角相等，所以

$\angle ABE = \angle ACD$。

又有 $\angle BAE = \angle CAD$（作图），

两三角形中两角对应相等，所以

$\triangle ABE \backsim \triangle ACD$，

$AB : AC = BE : CD$，

因此 $AB \cdot CD = AC \cdot BE$。……①

同理可得 $\triangle ABC \backsim \triangle AED$，所以

$AC : AD = BC : ED$，

因此 $AD \cdot BC = AC \cdot ED$。……②

将①、②式左右两边分别相加得

$AB \cdot CD + AD \cdot BC = AC \cdot BE + AC \cdot ED$，

$AB \cdot CD + AD \cdot BC = AC \cdot (BE + ED)$，

$AB \cdot CD + AD \cdot BC = AC \cdot BD$。 ∎

虽然证明过程看起来很复杂，但结论还是很清晰明了的。

托勒密定理以古希腊数学家、天文学家托勒密的名字命名。[⊖]

托勒密

⊖ 事实上该定理的提出者是在托勒密更早之前的古希腊天文学家、数学家喜帕恰斯。——编者注

第 4 章
勾股定理

毕达哥拉斯（约公元前 570—前 496）

活跃在公元前 6 世纪的古希腊哲学家、数学家。除了发现勾股定理和无理数之外，他还提出了基于数学理论的音阶体系。

勾股定理

中国古代称直角三角形为勾股形，直角边中较小者为勾，较大者为股，勾股定理之名由此而来

关键词！……勾股定理

勾股定理之美

终于来到最后一章了，恭喜大家。

大家一定听说过勾股定理吧。

以直角三角形三边为边长，分别作正方形，其面积如右图所示，分别表示为 P、Q、R，则

$$P+Q=R$$

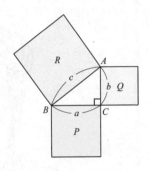

这是多么令人赞叹的美妙公式啊。将这一关系用三角形三边长度来表示，可以得出如下定理。

定理 86 勾股定理

在两直角边长分别为 a、b，斜边长为 c 的直角三角形中，

$$a^2+b^2=c^2$$

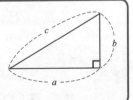

这个定理之所以叫作勾股定理，是因为中国古代称直角三角形为勾股形，直角边中较小者为勾，较大者为股。

你知道毕达哥拉斯吗?

这个嘛……

这个定理也叫作毕达哥拉斯定理,古希腊数学家毕达哥拉斯在公元前 6 世纪发现了这一定理。日本则将它称为三平方定理。

毕达哥拉斯

利用正方形证明勾股定理

这个定理最了不起的地方在于公式的简洁。在直角三角形这样一个简单图形中,竟然能有如此完美的公式,实在令人感动。

下面我们就来试着证明一下这个在数学界颇负盛名的定理。

勾股定理的证明方法多达 100 种以上,受篇幅所限,我们无法在此一一介绍,仅挑选其中具有代表性的几种进行说明。

下面是第一种证明方法。

【证明①】

将四个全等的直角三角形按右图方式排列，形成两个正方形，较大的边长为 $a+b$，较小的边长为 c。

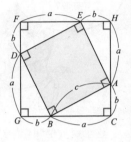

正方形 *FGCH* 的面积等于四个直角三角形和正方形 *DBAE* 的面积之和。

因此

$$(a+b)^2 = \frac{1}{2}ab \times 4 + c^2$$
$$a^2 + 2ab + b^2 = 2ab + c^2$$
$$a^2 + b^2 = c^2 \quad \blacksquare$$

这个证明过程还是很简单的！

如下图所示，改变一下证明①中四个直角三角形的排列方式，就会出现面积为 a^2 和 b^2 的两个正方形。而它们组成的大正方形面积没有变化，所以我们很容易便能得出 $a^2 + b^2 = c^2$。

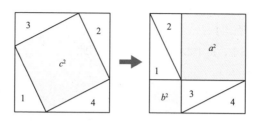

接下来是第二种证明方法。我们需要调整一下四个三角形的位置。

【证明②】

将四个全等的直角三角形按右图方式排列,形成两个正方形,较大的边长为 c,较小的边长为 $a-b$。

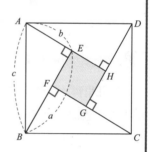

正方形 $ABCD$ 的面积等于四个直角三角形和正方形 $EFGH$ 的面积之和,所以

$$(a-b)^2 + \frac{1}{2} ab \times 4 = c^2$$

$$a^2 - 2ab + b^2 + 2ab = c^2$$

$$a^2 + b^2 = c^2 \quad \blacksquare$$

利用辅助线证明勾股定理

前两种证明方法都用到了四个全等的直角三角形,而下面这种方法只要在一个直角三角形中作一条垂线就可以。

【证明③】

右图中，由于 $\triangle CAB \backsim \triangle HAC$，因此

$c:b=b:x$，

即　　　$b^2=cx$。……①

同理可得 $a^2=cy$。……②

将①、②式相加可得

$a^2+b^2=cx+cy$

　　　　$=c(x+y)$

　　　　$=c^2$　■

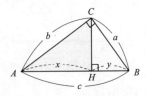

❓ 欧几里得的证明

欧几里得（约公元前 325—前 265）被称为"几何学之父"，著有数学经典《几何原本》。他生活的时代比毕达哥拉斯还要早两百多年。他是通过以下方式证明勾股定理的。

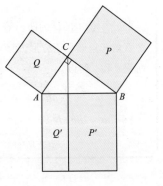

右图中，只要 P 与 P'、Q 与 Q' 面积分别相等，即可证明勾股定理。

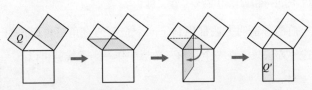

对正方形 Q 进行多次等积变形（定理 26，P55）、旋转后，可以看出其与长方形 Q' 面积相等，过程如上图所示。

欧几里得使用的证明方法，则是将正方形 Q 沿对角线分割为两个三角形，然后进行多次等积变形（定理 19，P36）和旋转，证明其与长方形 Q' 面积相等。

最后要给大家介绍的证明方法是拼接法，就像拼图一样。根据分割方式不同，这种方法还能细分为很多种，大家也可以试着思考一下自己专属的拼图证明法。

我好想玩这样的拼图哦~

直角三角形的边长

现在开始，进入"斜线"时代!

关键词! ……勾股定理

求"斜线"的长度!

知道长方形的长和宽之后，我们很容易便能求出它的面积。但要求对角线的长度，就必须用到勾股定理，所以对小学生来说还是很困难的。而学习勾股定理之后，我们便能慢慢走近"斜线"的世界了。

给我来点呈斜线的光!

【题目】

求右图中长方形对角线的长度。

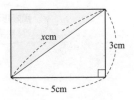

由勾股定理可知，

$x^2 = 5^2 + 3^2$

$x^2 = 34$

$x = \pm\sqrt{34}$

因为 $x > 0$，所以 $x = \sqrt{34}$

答：$\sqrt{34}$cm

要想完全掌握勾股定理，就必须先掌握平方的计算。另外，解题过程中很可能出现一元二次方程，所以自然也会出现平方根。

求直角三角形的边长只是勾股定理应用中最为基础的阶段，本书无法提供大量练习题目，需要大家自己准备练习册。

到了应用题阶段，那就不只是勾股定理的问题了，还可能用到我们之前学习过的所有图形知识和相关定理。说得夸张一些，我们初中三年的数学学习就是为了完全掌握勾股定理的用法。

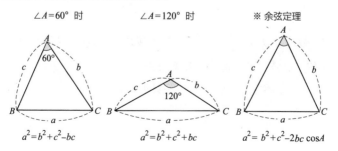

将来，勾股定理的应用将不再局限于直角三角形。对于所有三角形，我们只要知道两边边长及其夹角，就能用勾股定理求出第三边的长度。不过要做到这一步，还要熟练掌握本书中未涉及的三角函数中的余弦（※ 余弦定理）。

由于两边夹角为 60° 或 120° 时，计算会比较简单，所以这里仅对这两种情况进行介绍。

$\angle A = 60°$ 时

$$a^2 = b^2 + c^2 - bc$$

$\angle A = 120°$ 时

$$a^2 = b^2 + c^2 + bc$$

※ 余弦定理

$$a^2 = b^2 + c^2 - 2bc\cos A$$

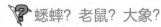 蟋蟀？老鼠？大象？

我出了这样一道题。

【题目】

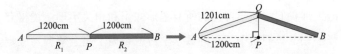

如上图所示，长度为 12m（1200cm）的铁轨 R_1 与 R_2 无缝隙地铺设在一起，交于点 P。点 A、B 为固定点，点 P 不固定。

炎炎夏日，两条铁轨的长度都膨胀了 1cm，使得点 P 上升至点 Q。

请问这时铁轨到地面的高度是多少？请从下列五项中进行选择。

①足够让一只蟋蟀通过；

②足够让一只老鼠通过；

③足够让一只小狗通过；

④足够让一个人通过；

⑤足够让一头大象通过。

这个问题很有意思，大家好好想一想。

其实要解这道题并不难，使用勾股定理进行计算即可。设铁轨到地面的高度 QP 为 $x$cm，则以下等式成立：

$$1200^2 + x^2 = 1201^2$$

数字不太好算，大家可以直接用计算器。计算结果是 $x=49$。也就是说，铁轨上升了整整 49cm。

所以，答案是③，足够让一只小狗通过。

对了，大家不用担心铁轨真的会上升，实际生活中的铁轨之间都是有预留一定缝隙的，所以电车在通过这些缝隙的时候，才会发出"咣当咣当"的震动声。最近的一些新铁轨已经通过技术改进，实现了"咣当"声的消除。

$\sqrt{2}$ 和 $\sqrt{3}$ 能画出来吗？

$\sqrt{2}$ 和 $\sqrt{3}$ 都是无理数，无法用分数来表示，但它们都可以画出来。下图就是利用勾股定理，依次画出的根式，其中 $AC=\sqrt{2}$、$AD=\sqrt{3}$、$AE=\sqrt{4}=2\cdots\cdots$

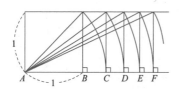
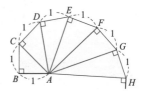

提高篇

特殊的直角三角形   三角尺的形状是有特殊意义的!

关键词! ……等边三角形、正方形

三角尺上的圆孔

大家仔细观察一下自己的三角尺就会发现，上面都有一个圆孔，这是为什么呢？

其实我们可以换个角度来思考这个问题，也就是说，如果三角尺上没有这个圆孔，是不是用起来会不太方便。

我们经常会把三角尺放在纸上，沿着它的一条边来画出直线。这个时候三角尺和纸之间最好是完全没有缝隙的。如果三角尺上没有这个圆孔，那尺子与纸之间就很容易出现一个空气层，使两者无法紧密接触。

三角尺的形状是如何决定的？

下面进入本节的主要内容。

三角尺一般以两个直角三角形为一组，其中一个是将等边三角形沿对称轴分割得到的，三个内角分别为 30°、60°、90°。

另一个是将正方形沿对角线分割得到的，三个内角分别为 45°、45°、90°。

两者的共同点在于都是"由正多边形平均分为两部分得到的"。

还有，利用这两个直角三角形，我们能够轻松得到

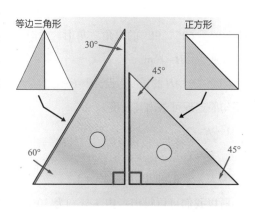

等边三角形

正方形

30°

45°

60°

45°

15°、75°、105°、120°、135°、150°、165° 这一连串角度为 15° 倍数的角，是不是很不同凡响。

三角形 SHOP

三角形

比如 105° 就是这样组成的……

60°+ 45°= 105°

60° 45°

把等边三角形分成两半！

这两个三角形都是由基本的正多边形对半分割而来，在几何学习中的使用频率很高，记住它们的三边之比，可以让我们的学习事半功倍。

下面，我们先试着将等边三角形分成两半。为了便于计算，我们以边长为 2cm 的等边三角形 ABC 为例。

从点 A 出发作 BC 的垂线（垂足为 H），得到两个内角分别为 30°、60°、90° 的直角三角形。此时，点 H 为 BC 边的中点，所以 BH=1cm。

问题在于 AH 的长度。设 AH=hcm，利用勾股定理求出其长度。

$$1^2+h^2=2^2$$

$$h^2=3$$

因为 $h > 0$，所以 $h=\sqrt{3}$（≈ 1.7）。

所以我们可以得出：内角分别为 30°、60°、90° 的直角三角形，边长之比为 $1:2:\sqrt{3}$。

这个一定要背会哦！

$1:2:\sqrt{3}$

把正方形分成两半！

接下来让我们把正方形分成两半看看。

以边长为 1cm 的正方形 ABCD 为例，作对角线 BD，得到两个内角分别为 45°、45°、90° 的直角三角形。试用勾股定理求对角线 BD 的长。

设对角线长为 x cm。

$$x^2 = 1^2 + 1^2$$

$$x^2 = 2$$

因为 $x > 0$，所以 $x = \sqrt{2}$（≈ 1.4）

所以我们可以得出：内角分别为

$45°$、$45°$、$90°$ 的直角三角形，边长之比为 $1:1:\sqrt{2}$。

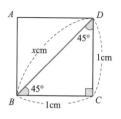

我会记住的！
$1:1:\sqrt{2}$

一起来背三边比吧！

以上结论可汇总如下：

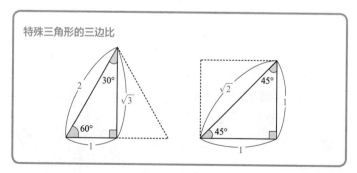

特殊三角形的三边比

请大家务必记住两个三角尺的形状和三边比。$1:2:\sqrt{3}$ 和 $1:1:\sqrt{2}$，读起来也很顺口，相信你们肯定能牢牢记住。

只要背会这两组比，分分钟就能解决下面这种题目。

【题目】求下图中 x、y 的值。

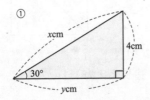 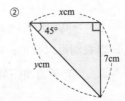

①中直角三角形三边比为 $1:2:\sqrt{3}$，对应比例式中 1 的边长为 4cm，所以 $x=8$，$y=4\sqrt{3}$　　　　答：$x=8$，$y=4\sqrt{3}$

②中直角三角形三边比为 $1:1:\sqrt{2}$，对应比例式中 1 的边长为 7cm，所以 $x=7$，$y=7\sqrt{2}$　　　　答：$x=7$，$y=7\sqrt{2}$

这位客人，请把下面这个小知识也带回去吧！

补充一个小知识。

不知道大家有没有注意过，其实每套三角尺中，"$1:2:\sqrt{3}$"中 $\sqrt{3}$ 一边与"$1:1:\sqrt{2}$"中 $\sqrt{2}$ 一边的长度都是相等的。

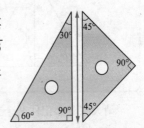

等边三角形的面积公式

我们在小学的时候都学过三角形面积公式。

不知道大家还记不记得，小学的时候我们计算过很多不同形状的三角形的面积，但却一直都没有算过等边三角形的。

这也很正常，因为等边三角形的面积计算中，会出现当时我们还没有学过的根式。

但现在就不一样了，我们可以求等边三角形的面积了。

先来小试牛刀一下，求边长为6cm 的等边三角形面积 S。

底边长度已知，是 6cm。

问题在于如何求高。

这里只要利用 $\triangle ABH$ 的三边之比是 "$1:2:\sqrt{3}$" 就能很快算出三角形的高，即 $3\sqrt{3}$cm。

因此，$S=\dfrac{6\times 3\sqrt{3}}{2}=9\sqrt{3}$（cm²）

最后给大家介绍一下等边三角形的面积公式。

> **公式** 等边三角形的面积
> 边长为 a 的等边三角形面积为 S，则
> $$S=\frac{\sqrt{3}}{4}a^2$$
>

勾股定理的逆定理

最终我们可以通过边的长度知道角的大小

关键词！……等边三角形、勾股数

 逆命题也成立

定理 87 勾股定理的逆定理

在三边长分别为 a、b、c 的三角形中，
若

$$a^2+b^2=c^2,$$

则这个三角形为直角三角形，c 为斜边。

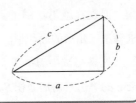

"队长！我们发现了疑似直角三角形的图形！"

"确定是直角三角形吗？"

"我手头刚好没有能测量角度的工具，只有一把刻度尺……"

"那就去量一下三条边的长度！"

"可这样能知道有没有直角吗？"

"用定理 87 就行，快去量！"

只要知道一个三角形三条边的长度，且它们的长度满足定理 87 中的等式，就能判定这个三角形是直角三角形。

下面进入逆定理的证明。

这里要介绍的证明方法比较与众不同，是通过证明已知三角形与另一个直角三角形全等来完成的（同一法）。这是我个人很喜欢的一种方法。

※ 其实有很多方法可以直接证明$\angle C = 90°$，但对于初中生来说都难度过高，所以很多教科书上都是用以下方法来进行证明的。

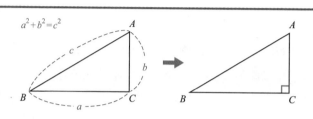

【条件】$a^2 + b^2 = c^2$

【结论】$\angle C = 90°$

【证明】

构造一个直角边分别为 a、b 的直角三角形 DEF，设其斜边长为 x。

由勾股定理可知

$$a^2 + b^2 = x^2 \text{。} \cdots\cdots ①$$

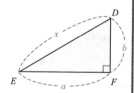

由条件可知　$a^2 + b^2 = c^2$。$\cdots\cdots ②$

由①、②式可知　$x^2 = c^2$。

因为 $x > 0$，$c > 0$，所以 $x = c$。

$\triangle ABC$ 与 $\triangle DEF$ 三边对应相等，所以

$\triangle ABC \cong \triangle DEF$。

因此　$\angle C = \angle F = 90°$。　■

3、4、5、哒!

想象一个三边长度分别为 3、4、5 的三角形。由于 $3^2+4^2=5^2$，所以这个三角形一定是一个直角三角形，且斜边长为 5。定理 87 讲的其实就是这个道理。

不过直角三角形的三边 a、b、c 均为自然数，是极为少见的情况，一般总会有一条边长是无理数。像这样三边长均为自然数的三角形，我们将其三边长称为勾股数。

其中最简单的勾股数就是（3，4，5）。古埃及人也知道这组数字，相传当时有人专门从事圈绳定界的工作，他们会在绳子上打结，将绳子分为长度相等的 12 段，并利用勾股数得到直角。

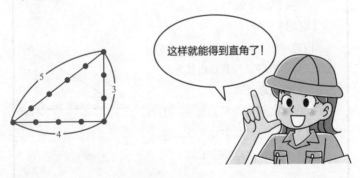

这样就能得到直角了!

如何找到勾股数

除了（3，4，5）之外，常见的勾股数还有（5，12，13），我们至少要记住这两组。大家参考一下往年的中考试题就会发现，这两组数字出现的频率确实很高。

有的时候看到它们都想问候一下，"诶呀，又见面了呢！"

此外勾股数还有（7，24，25）、（8，15，17）、（9，40，41）等。P220 的铁轨问题中出现的（49，1200，1201）也是一组勾股数。

勾股数有无数组，大家可以试着自己找找看。

这里给大家一点小提示。

如果存在两个自然数 m、n 且 $m > n$，并且满足以下等式，那么（a，b，c）即为一组勾股数（c 为斜边长）。

$$a^2 = m^2 - n^2 \qquad b = 2mn \qquad c = m^2 + n^2$$

勾股数还有
（11，60，61）、（12，35，37）、
（13，84，85）、（15，112，113）、
（16，63，65）、（17，144，145）、
（20，21，29）、（20，99，101）
等很多组哦！

这是直角三角形吗？

利用定理 87，我们可以判断出一个三角形中是否包含直角。请大家尝试解出以下题目。

【题目】
三边长分别为 5cm、7cm、10cm 的三角形是直角三角形吗？

三条边中最长的是 10cm，所以我们只要比较 $5^2 + 7^2$ 和

10^2 的大小就可以了。

$$5^2 + 7^2 = 25 + 49 = 74 \quad \cdots\cdots ①$$

$$10^2 = 100 \quad \cdots\cdots ②$$

由①、②式可知 $5^2 + 7^2 \neq 10^2$

因此，这个三角形…… 　　　　　答：不是直角三角形

于是我们便知道了（5，7，10）这一三角形并非直角三角形，那它一定是锐角或钝角三角形，接下来又该怎么判断它的具体类型呢？

我们可以想象一下直角边为 5cm 和 7cm 的直角三角形 ABC，如右图所示。由解题过程中①式可知，它的斜边长 $AB = \sqrt{74}$cm（≈ 8.6cm）。

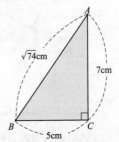

但题目中给出的第三边长度为 10cm，比 8.6cm 要更长一些。此时，$\angle C$ 就要比 90° 更大一些，因此题目中给出的三角形应为钝角三角形。

若 AB 的长小于 $\sqrt{74}$cm（比如 $AB = 8$cm），则题中三角形为锐角三角形。

提高篇

希波克拉底月牙 勾股定理也可以不是正方形！

关键词！……希波克拉底月牙

 忍者渡河

在本节开头，我想先讲一个勾股定理实际应用的故事。

有一天，一个忍者来到了河边，他想步行渡河，但又担心河水太深，一不小心自己会溺水而亡。

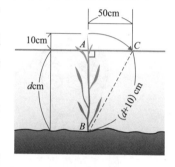

他灵机一动，想到了用河底长出的芦苇来判断河水深度。

如图所示，芦苇露出河面的部分只有 10cm 高，将芦苇拨开，使其刚好被水面淹没，此时芦苇顶端距离原来与水面相接的位置 50cm。

设河水深度为 $d$cm，我们想象出一个直角三角形，如右上图中三角形 ABC 所示。

由勾股定理可知，

$$(d+10)^2 = d^2 + 50^2$$

解得 $d=120$。

所以河水的深度只有 120cm，成年人完全可以蹚水而过。

队长！这条河应该能直接蹚过去！

那太好了！

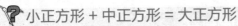

小正方形 + 中正方形 = 大正方形

由勾股定理可知，右图中直角三角形 ABC 满足 $a^2+b^2=c^2$。

而 a^2、b^2、c^2 也表示以三角形各边为边长的正方形面积。也就是说，在右图中 $P+Q=R$。

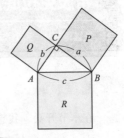

这个大家已经完全掌握了吧~

那如果我们以直角三角形各边为边长作等边三角形呢？

所有的等边三角形都相似。

右图中，三个等边三角形的相似比为 $a:b:c$，所以面积比为 $a^2:b^2:c^2$。同时由勾股定理可知，$a^2+b^2=c^2$，所以 $P+Q=R$ 仍然成立。

希波克拉底月牙

除了正方形和等边三角形之外，以直角三角形三边为边长，作其他任意相似图形都满足上述等式，包括梯形、五边

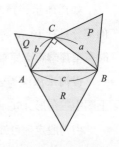

形，甚至是你喜欢的卡通形象。

如果作半圆，则效果如右图所示。

此时，

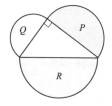

$$P+Q=R \quad \cdots\cdots ①$$

成立。这个式子后面还会用到，所以标记为①式。

原来不只是正方形，只要是相似图形都可以啊……

接下来就是最精彩的部分了。

将右上图中的半圆 R 沿三角形斜边对称翻转（沿斜边向上折），得到左下图。

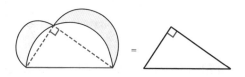

这时图中会出现两个像月牙一样的形状（蓝色月牙和红色月牙）。如果我说这两个月牙形的面积之和等于原直角三角形的面积，你敢相信吗？没错，是真的。

这就是"希波克拉底月牙"。

确实很令人震惊，完全由曲线构成的两个月牙形的面积之和，居然等于完全用直线构成的直角三角形的面积……其实只要利用我们之前得到的①式，就能明白其中的原理了。
下面我们用图形式来进行解释。

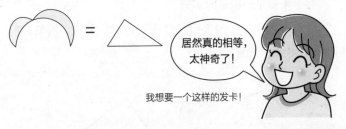

如果我们将希波克拉底月牙作为一个定理（即月牙定理）
告诉小学高年级同学，他们一定会感到非常神奇和有趣。

希望醉心于游戏以获得乐趣的中小学生们能更多地体会
到这种数学中的"神奇"与"有趣"。

最后来介绍一下这个定理的发现者——希波克拉底。他
是生活在公元前 5 世纪的古希腊数学家。注意，他和被称为
"医学之父"的古希腊医学家希波克拉底（约公元前 460—前
370）并不是同一个人。

长方体的对角线 勾股定理在立体图形中的应用

提高篇

关键词！……长方体的对角线

平面上两点间的距离

利用勾股定理，我们可以求出平面上任意两点间的距离。

【题目】

求点 $A(-3，-3)$ 与点 $B(3，4)$ 的距离。

直接在平面直角坐标系上画出线段 AB，结果如右图所示。

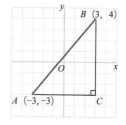

为了方便使用勾股定理，我们以线段 AB 为斜边构造出直角三角形 ACB。

现在的问题就是求 AC 和 BC 的长。

通过数格子自然能够得出答案，但为了应对以后更为复杂的题目，我们还是采用计算的方式。因为 AC 平行于 x 轴，所以只要用点 B 的横坐标减去点 A 的横坐标，就能求出 AC 的长度。同理，BC 的长度可以通过点 B 的纵坐标减去点 A 的纵坐标求出。

$$AC=3-(-3)=6$$

$$BC=4-(-3)=7$$

因此 $AB^2=6^2+7^2=85$，

因为 $AB>0$，所以 $AB=\sqrt{85}$。

答：$\sqrt{85}$

此时 AB^2 表示的是 AB 长度的平方。另外，在这道题目中没有出现长度单位，所以在作答时也要注意，不要添加任何单位。

平面上两点间的距离可以用以下公式计算。

公式 平面上两点间的距离

平面上两点 $A(x_1, y_1)$、$B(x_2, y_2)$ 之间的距离为：

$$AB = \sqrt{(x_2-x_1)^2+(y_2-y_1)^2}$$

长方体的对角线

在右图所示长方体中，AG、BH、CE、DF 均为不在同一表面的顶点的连线，它们被称为长方体的（体）对角线。

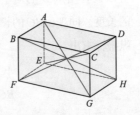

长方形的四条对角线长度均相等。

下面让我们来思考一下长方体对角线的长度。

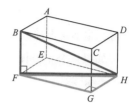

如右图所示，作长方体底面对角线 FH，$\angle FGH$ 为直角。利用勾股定理可知，在 $\triangle FGH$ 中

$FH^2 = FG^2 + GH^2$ ……①

而在 $\triangle BFH$ 中，由于 $\angle BFH = 90°$，所以同样可以利用勾股定理，得出

$BH^2 = BF^2 + FH^2$ ……②

由①、②式可知 $BH^2 = BF^2 + FG^2 + GH^2$，

由于 $BH > 0$，所以 $BH = \sqrt{BF^2 + FG^2 + GH^2}$。……③

只要知道长方体的长宽高，就能算出它的对角线长度。

这是，占卜吗？

③式可以总结为如下公式。

公式 长方体的对角线长

长、宽、高分别为 a、b、c 的长方体对角线长为 l，则

$$l = \sqrt{a^2 + b^2 + c^2}$$

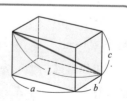

长方体的对角线长度，刚好等于长、宽、高的平方和开根号，是不是很神奇。

如果一个正方体的边长是 8cm，那么它的对角线长度就是 $\sqrt{8^2+8^2+8^2}=\sqrt{3\times 8^2}=8\sqrt{3}$（cm）。

锥体的高和体积

试求右图中正四棱锥的体积。其关键在于求出高 OH。

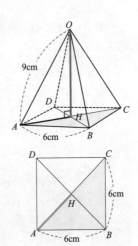

首先求 AH 的长（参考右下图）。

由于正四棱锥底面为正方形，所以

$AB:AC=1:\sqrt{2}$

$AC=6\sqrt{2}$

因此 $AH=3\sqrt{2}$。

然后将勾股定理应用于 $\triangle OAH$。

$OH^2=9^2-\left(3\sqrt{2}\right)^2=63$，

由于 $OH>0$，所以 $OH=3\sqrt{7}$。

求出高以后，就能算出体积了。

$\dfrac{1}{3}\times 6\times 6\times 3\sqrt{7}=36\sqrt{7}$（cm³）。

它的体积是 $36\sqrt{7}$ cm³。大家可以自己试着算一下它的表面积。

圆与勾股定理　　圆与勾股定理，简直绝配

关键词! ……弦长、切线长、公切线的长

 弦长

在讨论圆的过程中，经常会出现直角，比如……

- 圆心位于任意弦的垂直平分线上。
- 半圆所对的圆周角是直角（泰勒斯定理）。
- 圆的切线垂直于经过切点的半径。

定理 57（P152）

定理 65（P169）

定理 69（P174）

光是一下子能想起来的就有这么多了，足以看出圆和勾股定理之间的适配性之高。

例如右图，在半径为 6cm 的圆中，圆心 O 到弦 AB 的距离为 3cm，求弦 AB 的长。

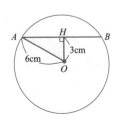

在 $\triangle OAH$ 中，利用勾股定理，可得

$$AH = \sqrt{6^2 - 3^2} = 3\sqrt{3}\ (\text{cm}),$$

所以 $AB=2AH=6\sqrt{3}$（cm）。

这道题也可以设 x 求解！

我们再将问题延伸一下，放在一个球体中考虑。

右图中，球体半径为 6cm，被距离球心 3cm 的平面所截。

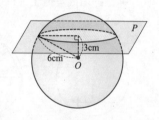

在上一道题中，我们已经求出了截面圆的半径为 $3\sqrt{3}$cm，所以也能求出截面圆的面积 S。

$S=\pi \times (3\sqrt{3})^2$

$\quad =27\pi (\text{cm}^2)$

从东京晴空塔顶眺望

东京晴空塔的高度是 634m，如果我们能登上塔顶，那么最远能看到多远呢？是不是想想就很壮观！

其实这个问题就相当于求截面图中 AT 的长度。

圆 O 代表地球，半径为 r，h 代表晴空塔的高度。

切线垂直于过切点的半径，所以∠OTA 为直角，勾股定理适用于△OTA。

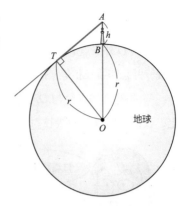

地球

$$AT^2 = OA^2 - OT^2$$
$$= (r+h)^2 - r^2$$
$$= 2hr + h^2$$

由于 $AT > 0$，所以

$$AT = \sqrt{2hr + h^2} \quad \cdots\cdots ①$$

※ h^2 的值远小于 $2hr$，因而可以将 $\sqrt{2hr + h^2}$ 近似为 $\sqrt{2hr}$。

将实际数值 $r = 6371\text{km}$，$h = 0.634\text{km}$ 代入①式，

通过计算器可算出 $AT = 89.9\text{km}$。

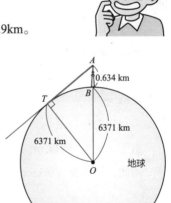

好想去东京晴空塔看看啊！

不过由于光的折射，我们实际能看到的距离要比计算出的理论值远 6%，也就是说，实际上我们能看到大约 95km 之外的地方。

另外，6371km 只是地球半径的大约平均值，如果在赤道上，地球半径能达到 6378km。

大家可以试着将东京塔的高度 0.333km 或者富士山的高度 3.776km 代入 h 进行计算。

⟨?⟩ 切线长

过圆 O 外一点 P 能作两条圆 O 的
切线，并且切线长相等，即 $PA=PB$。

只要圆 O 的半径与 OP 的长度确
定，我们就能求出切线长。

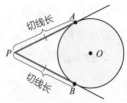

试着算出切线长吧!

求右图中 PA 的长。这个问题
的关键在于 $\angle PAO$。

由于切线垂直于过切点的半
径，所以 $\angle PAO$ 为直角。因此，由
勾股定理可知，

$$4^2+x^2=7^2$$
$$x^2=33$$

由于 $x>0$，所以 $x=\sqrt{33}$。
因此，切线长为 $\sqrt{33}\,\mathrm{cm}$。

⟨?⟩ 公切线的长

下面我们来考虑一下
两个圆之间存在公切线的情
况，每条公切线与两个圆各

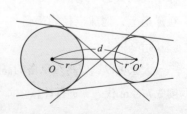

有一个切点。如果知道两个圆的半径和圆心的距离,就能求出这两个切点的距离(即公切线的长)。

两个圆之间共有五种可能的位置关系,这里我们仅讨论它们外离时的情况,如上图所示。

这次是公切线了!

右图中,圆 O 和圆 O' 的半径分别为 6cm 和 8cm,两圆心距离为 23cm。求两圆公切线的长 AA' 和 BB'。

单位:cm

我们先来求外公切线的长 AA'。

如图所示,过圆心 O 作 $O'A'$ 的垂线,垂足为点 H。因为四边形 $AOHA'$ 为长方形,所以 $AA' = OH$。因此,求 AA' 的长可以转化为求 OH 的长。

先求出 $O'H$ 的长。

$$O'H = O'A' - HA'$$
$$\qquad = O'A' - OA \ (HA' = OA)$$
$$\qquad = 8 - 6$$
$$\qquad = 2 \ (\text{cm})$$

将勾股定理用在 $\triangle HOO'$ 中, 可得

$$OH = \sqrt{OO'^2 - O'H^2}$$
$$= \sqrt{23^2 - 2^2}$$
$$= 5\sqrt{21}（cm）$$

答：$5\sqrt{21}$cm

接下来就要来求内公切线啦！

下面来求内公切线的长 BB'。

过圆心 O 作 $O'B'$ 延长线的垂线, 垂足为点 H'。

由于四边形 $BOH'B'$ 是长方形, 所以 $BB' = OH'$。因此, 求 BB' 的长可以转化为求 OH' 的长。

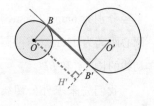

将勾股定理用在 $\triangle H'OO'$ 中, 可得

$$OH' = \sqrt{OO'^2 - O'H^2}$$
$$= \sqrt{23^2 - 14^2}$$
$$= 3\sqrt{37}（cm）$$

答：$3\sqrt{37}$cm

中线定理 用新的定理获得全新的解题体验吧!

关键词! ······中线定理、帕普斯几何中心定理

 试求中线的长!

终于,我们来到了本书的最后一节。这节的主要内容是用勾股定理证明中线定理。

定理 88 中线定理

$\triangle ABC$ 中,边 BC 的中点为 M,则

$$AB^2 + AC^2 = 2\left(AM^2 + BM^2\right)$$

【证明】

设 $AB > AC$。在 $\triangle ABC$ 中,过点 A 作 BC 边的垂线,垂足为 H。

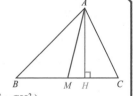

由勾股定理可知,

$$AB^2 + AC^2 = \left(AH^2 + BH^2\right) + \left(AH^2 + CH^2\right)$$
$$= BH^2 + CH^2 + 2AH^2$$

而 $BH^2 + CH^2 = \left(BM + MH\right)^2 + \left(CM - MH\right)^2$
$$= 2BM^2 + 2MH^2 \quad (BM = CM)$$

因此 $AB^2 + AC^2 = 2BM^2 + 2\left(MH^2 + AH^2\right)$
$$= 2BM^2 + 2AM^2 \quad \blacksquare$$

此处仅对 $AB > AC$ 的情况进行证明,$AB \leqslant AC$ 的情况也可以通过相同的方式证明。

用中线定理就能够很容易地求出三角形的中线长了!

中线定理又称帕普斯定理或垂心定理。帕普斯是活跃在公元 4 世纪的古希腊数学家,他是中线定理的发现者之一。

利用中线定理,我们可以求出三角形的中线长。如右图所示,在三边长分别为 8、10、12 的三角形中,试求中线 AM 的长 x。

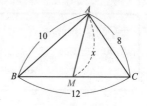

由中线定理可知,

$$AB^2+AC^2=2(AM^2+BM^2)$$
$$10^2+8^2=2(x^2+6^2)$$
$$x^2=46$$

由于 $x>0$,因此 $x=\sqrt{46}$。

帕普斯发现的另一大定理

这一部分内容和勾股定理并没有直接的关系,只是上一部分中我们提到了帕普斯这个人,所以就顺便介绍一下他发现的另一个了不起的定理——帕普斯几何中心定理。这个定理对于旋转体的研究具有十分重大的意义。

这个定理又于 17 世纪被瑞士数学家古尔丁独立重新发

现，所以也被称为帕普斯 – 古尔丁定理。它就是本书的最后一个定理了！

> **定理 89** 帕普斯几何中心定理
>
> 设平面图形 F 的面积为 S，绕同一平面上的任意一条与 F 不相交的轴旋转一周，得到的立体图形体积为 V。若 F 的重心到轴的距离为 R，则
>
> $$V = 2\pi R S$$

上式中的 $2\pi R$ 是图形 F 的重心绕轴一周所形成的圆的周长，将它表示为 L，则上式可改写为 $V = LS$。

真是个巧妙的定理啊！

比如，一个圆绕同一平面内与它不相交的一条直线旋转，就能得到一个叫作环面的立体图形，形状很像甜甜圈。这个环面的体积看似很难计算，但实际上很好求。

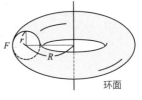

环面

设圆的半径为 r，圆心到直线的距离为 R，则有

$$V = 2\pi R \cdot \pi r^2 = 2\pi^2 r^2 R$$

顺便计算一下它的表面积 S：

$$S = 2\pi R \cdot 2\pi r = 4\pi^2 r R$$

后记　最后补充一些小知识来作为后记

❓ 证明结束

人们规定了一些符号来表示"证明到此结束"。本书中使用的是■，市面上的参考书和练习册中，有的也会用□来表示。

在整页文字当中，这些符号可以帮助我们迅速找到证明结束的地方。但它们的存在并不是不可或缺的。

你的心情我非常理解~

不过，想要在证明末尾加上某个符号的这种心情是可以理解的。

自己经过一番冥思苦想，好不容易才完成证明之后，一定会有一种大功告成的感觉。这种心情虽然与证明的内容毫不相干，但解题者还是想通过某种方式表现出来，这时就会想到这些符号。出于这种考虑，本书还是选择使用这些符号。

考德 诶拉特 德蒙斯通杜姆

还有一些书中会出现"Q.E.D."的标记，这也是用来表示证明结束的。Q.E.D. 是拉丁语

Quod Erat Demonstrandum

考德 诶拉特 德蒙斯通杜姆

的简写。它最开始是希腊语，欧几里得和阿基米德都曾使用过，后来被翻译成了拉丁语。这么看是不是有点像电影里出现的魔法咒语。

翻译成中文意思就是"这个问题已被证明"。

本书也要迎来尾声了。

我最期待的就是本书能给各位读者带来一些收获和乐趣。

与本书同系列的还有一本"基础篇"，希望与各位在那里再会！Q.E.D.

附录　让你的阅读更加流畅

"基础篇"中出现的定理

《真希望几何可以这样学》分为"基础篇"和"提高篇"两册。

不过你完全可以选择只读其中一本,不会有任何问题。

这本"提高篇"中的定理,是从 11 开始编号的。1~10 是"基础篇"中的内容,在此谨对这十条定理进行列举,供各位读者参考。

都是大家非常熟知的定理哦!

首先要提醒大家,下面三个定理的名字是我自己起的,仅适用于本系列书。

定理 5　天使之翼定理

定理 6　拖鞋定理

定理 8　狐狸定理

定理 1 对顶角性质
对顶角相等。

定理 2 平行线的性质
当一条直线与两条平行线相交时，
1 同位角相等。

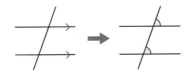

2 内错角相等。

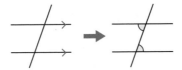

3 同旁内角互补。

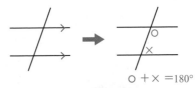

$$\bigcirc + \times = 180°$$

互补的意思就是两角之和为 $180°$。

定理 3 平行线的判定条件

当一条直线同时与两直线相交时，

1 若同位角相等，则两直线平行。

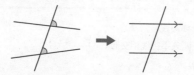

2 若内错角相等，则两直线平行。

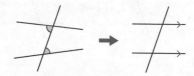

3 若同旁内角互补，则两直线平行。

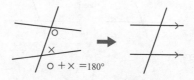

○ + × =180°

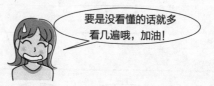

要是没看懂的话就多看几遍哦，加油！

定理 4 三角形的内角和

三角形的内角和等于 180°。

定理 5 天使之翼定理

如右图所示，点 E 为直线 AD、CB 的交点，则

$$\angle A + \angle B = \angle C + \angle D$$

※ "天使之翼定理" 这一称呼仅适用于本书。

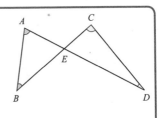

这个定理很重要！

定理 6 三角形外角性质（拖鞋定理）

三角形的一个外角等于与它不相邻的两个内角的和。

※ "拖鞋定理" 这一称呼仅适用于本书。

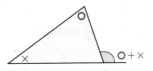

定理 7 多边形的内角和

多边形的内角和为 $180° × (n-2)$，其中 n 为边数。

定理 8 狐狸定理

在右图四边形 $ABCD$ 中，

$$\angle ADC = \angle A + \angle B + \angle C$$

※ "狐狸定理" 这一称呼仅适用于本书。

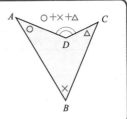

定理9 多边形的外角和

多边形的外角和等于 360°。

※ 在右图中，

$$\angle a' + \angle b' + \angle c' + \angle d' + \angle e' = 360°$$

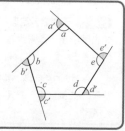

定理10 全等三角形的判定条件

若两三角形符合以下任一条件，则两三角形全等。

1 三边对应相等。（SSS）

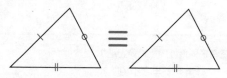

2 两边及其夹角对应相等。（SAS）

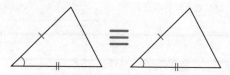

3 两角及其夹边对应相等。（ASA）

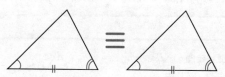